中国传统元素在现代室内设计中的应用研究

霍庆福／著

吉林大学出版社
·长春·

图书在版编目（CIP）数据

中国传统元素在现代室内设计中的应用研究 / 霍庆福著. — 长春：吉林大学出版社，2021.7
ISBN 978-7-5692-8614-4

Ⅰ. ①中… Ⅱ. ①霍… Ⅲ. ①室内装饰设计—研究—中国 Ⅳ. ① TU238.2

中国版本图书馆 CIP 数据核字（2021）第 161552 号

书　　名　中国传统元素在现代室内设计中的应用研究
　　　　　ZHONGGUO CHUANTONG YUANSU ZAI XIANDAI SHINEI SHEJI ZHONGDE YINGYONG YANJIU

作　　者　霍庆福　著
策划编辑　李承章
责任编辑　杨平
责任校对　高珊珊
装帧设计　左图右书
出版发行　吉林大学出版社
社　　址　长春市人民大街 4059 号
邮政编码　130021
发行电话　0431-89580028/29/21
网　　址　http://www.jlup.com.cn
电子邮箱　jdcbs@jlu.edu.cn
印　　刷　吉林省吉美印刷有限责任公司
开　　本　787mm×1092mm　1/16
印　　张　10.25
字　　数　210 千字
版　　次　2021 年 7 月第一版
印　　次　2021 年 7 月第一次
书　　号　ISBN 978-7-5692-8614-4
定　　价　58.00 元

前　言

随着时代的发展，人们对于现代室内设计的看法，不再是简单地满足生理上的需要，而是更加追求心理上的需求，在环境上注重精神认同感。传统元素蕴藏了中华民族传统文明五千年的文化内涵，把传统元素运用进现代的室内设计中，既可以继承博大精深的中华民族传统文化，又可以将传统精神与现代功能相结合，打造出具有中华民族特征的现代化室内设计作品。

本书主要分为六章。

第一章概述，主要阐述室内设计的主要内容，包括含义、特征、分类、作用和设计原则以及现代室内设计的新表现等内容，并对相关领域及相关理论进行分析归纳。

第二章从中国传统文化元素与室内设计的关系入手，对中国传统文化元素的内涵进行详细分析，而且对于中国传统文化元素在现代室内设计中的体现做了具体说明。分析了传统文化及传统文化元素对现代室内设计的影响，并具体分析了传统文化元素在不同室内设计中的应用。中国的现代室内设计应该吸取传统文化中的元素，对传统文化元素进行融合、创新，传承文化。

第三章的主要内容是描述中国传统吉祥文化与现代设计的关系，吉祥文化主要反映在吉祥纹样等具体载体上，为后面几章的内容起到了铺垫作用。

第四章从中国传统装饰元素入手，对其概念、内涵、种类及特征进行分析，并对其在现代室内设计中的应用进行阐释，主要从色彩、图案、材质及文化内涵等方面对其形态进行分析，并对其在室内设计中的转化方法、运用原则等进行分析从而探讨其应用理念。

民族元素是现代室内设计中的一个重要组成部分，第五章从中国民族元素入手，对民族元素在室内设计中的应用形式、方法以及不同类别的民族元素在室内设计中的应用进行具体分析，并以壮族和土家族这两个少数民族为例，分析了少数民族图形元素在现代室内设计中的应用特点。

最后一章分别从绿色生态室内设计与室内隔断设计出发，对现代室内设计的未来发展趋势进行分析。绿色生态设计的生态理念一直是中国社会发展所倡导、强调的重要内容之一，在室内设计中，越来越多的人选择绿色生态设计。室内隔断设计是在极简主义的影响下发展起来的一种新型的设计方式，为了满足日益多样化的空间要求，隔断是室内设计发展过程中的一个重要趋势。

目　　录

第一章　概　述 …… 1

第一节　关于室内设计 …… 1

第二节　现代室内设计的新表现 …… 7

第三节　室内设计中创新思维的应用 …… 13

第二章　中国传统文化元素与室内设计的关系 …… 15

第一节　中国传统文化元素的内涵 …… 15

第二节　中国传统文化元素在现代室内设计中的体现 …… 19

第三章　中国传统吉祥文化与现代设计的关系 …… 22

第一节　中国传统吉祥文化的内涵 …… 22

第二节　中国传统吉祥文化在现代室内设计中的应用 …… 27

第四章　中国装饰元素在现代室内设计中的应用 …… 39

第一节　中国传统装饰元素在现代室内设计中的分析 …… 39

第二节　中国传统装饰元素在现代室内设计中的应用 …… 59

第五章　中国民族元素在现代室内设计中的应用 …… 78

第一节　民族元素在现代室内设计中的应用分析 …… 78

第二节　少数民族元素在现代室内设计中的应用——以壮族和土家族为例 …… 87

第六章　现代室内设计的未来发展趋势 …… 127

第一节　绿色生态室内设计 …… 127

第二节　人性化室内设计 …… 134

第三节　室内隔断的创新设计 …… 140

参考文献 …… 153

第一章　概　述

室内设计作为建筑设计的延伸，正以蓬勃向上的昂扬姿态快速发展，当今的室内设计更是越来越趋向多元化方向发展。室内设计文化是艺术文化价值的一种表现形式，容易受到外界的影响，现在我们必须思考对于中国优秀的传统文化应如何继承、发扬的问题。我国的传统室内设计理念及技法在经历了否定、肯定、再否定的冲击后，传统文脉在现代设计中的大规模发展中几近断层，建筑及室内设计风格均表现出强烈的现代西方特征。但是，无论我们的时代如何发展，生活的方式怎么改变，永远都割裂不了社会与历史传统的关系，社会始终是传统与现实相融合的统一体，始终处在现实和历史的交汇之中。在中国，西方文化极其盛行，如何汲取西方室内设计中的优点，最关键的是深层次地了解本民族的文化精华。只有继承和应用中国传统元素的优秀部分，并且掌握其精髓，才能创作出饱含中国韵味并符合国民要求的室内设计作品。我国在进行室内设计时，一直坚持“古为今用，洋为中用”、推陈出新的设计原则，如果在进行室内设计的时候，不了解中国传统文化元素的精髓，那么创作出来的设计作品只能是一些皮毛的东西。在进行室内设计时，如果不能进行深层次的理解，会对中国传统文化元素的传承与发展产生严重的影响。当前，我们有责任和义务将中国传统文化元素进行传承，并将其发扬光大，这不仅是作为新一代社会新生力量的责任，也是我们每个人的责任。

第一节　关于室内设计

一、室内设计的定义

室内设计是在考虑功能性及实用性的前提下，用现代审美标准对建筑内部空间进行创意和构想。这一空间不仅应该满足功能需求和使用价值，同时也应反映文化、风格等精神因素。室内设计也是社会生活的有机组成部分，任何风格的室内空间设计，都是基于不同的设计理念及环境背景下所构建的，具有区别于其他设计的应用价值及时代文化风貌。

在把握室内设计的定义时，要从功能与艺术的角度出发，建立完整的室内设计观点，对室内设计定义的深入理解及在设计实践中合理解决所遇到的问题是非常重要的。一旦建立了完整的系统观念，就不会从功能性或艺术性单一地来看待室内设计这项学科了。

由此可见，对室内设计的含义可以简要概括为以下几点：

其一，室内设计作用在建筑的内部空间，受制于建筑内部人们对功能的需求；

其二，室内设计学是建筑学的延伸，它区别于建筑设计、环境艺术设计，但与它们又有着不可分割的联系；

其三，室内设计是以动态的形式发展的，不可能一成不变，应紧跟时代发展去补充和完善它。

二、室内设计的内容

室内设计是一门实用艺术，更是一门综合型科学，有时也被称作为室内环境设计。同传统意义上的室内装饰相比较，它所包含与涉及的内容更加丰富和深入，相关的因素也更为广泛。室内设计将随着社会科技的发展和人们生活质量以及心理需求的提高而不断更新，所要考虑的问题将是多方面、多角度的。室内环境所包含与涉及的内容则主要体现在界面空间形状和尺寸、室内的声、光、电、热的物理环境，以及空气、光线等室内客观环境因素等方面。

（一）室内空间形象设计

室内空间形象设计是根据设计的总体风格来设计决定室内空间的尺度与比例以及空间与空间的衔接、对比和统一等关系。

（二）室内装饰装修设计

室内装饰设计是指在建筑内部的规划设计过程中，必须根据室内空间规划，组织和创造合理的室内使用功能空间。要根据人们对建筑使用功能的要求，对室内平面功能进行分析和有效的布置，对建筑结构的地面、墙面、吊顶等界面的线形设计和装饰设计进行实体和半实体的设计和处理。

（三）室内物理环境设计

在室内空间中，还要充分考虑室内良好的采光、通风、照明和音质效果等方面的设计处理，并充分协调室内环控、水电等设备的安装，使其布局合理。

（四）室内陈设艺术设计

室内陈设艺术设计主要强调室内空间内家具、灯具、艺术展示品、绿化等的规划和加工，使人们在室内环境中工作、生活、休息时感到愉悦和舒适，满足和适应人们的心理和生理需要，起到柔化室内人工环境的作用，在高速度、高信息的现代社会生活过程中具有使人心理平衡、情绪稳定的作用。

总之，室内设计是为了满足人们生活、工作和休息的需要，为了提高室内空间生理和居住环境的质量，对建筑内部实质环境和非实质环境进行规划和布局。

三、室内设计的特征和分类

（一）特征

1. 空间的整合与优化

随着建筑设计学的不断发展，给设计师留下了更加多元化的空间划分和重组。室内设计不仅包括功能区的需求，还包括符合人们生活习惯的动线和尺度设计，以及各功能区的连接和合理布置。因此，公共空间的设计呈现包容性和合理性。

2. 强调设计的多样化与个性化

随着社会的快速发展，人们的设计理念也在不断地扩展，设计风格也在不断地变化。在满足功能需求的同时，人们开始强调个性化与美观的结合。这样的设计往往反映时代的特点，如大胆的色彩运用和造型的独特创新运用，都展现出现代室内设计的艺术气息。

3. 时代性变革

新的设计理念取代了旧的设计理念，新的装饰材料取代了旧的材料。中国的室内设计也在紧跟时代的发展步伐，从设计之初的盲目模仿到逐渐显现影响力的设计流派；从功能需求的单一满足到当前精神需求的满足，中国室内设计不断寻找机遇，不断完善，紧跟社会发展的需要。

（二）分类

室内设计的形态范畴可以从不同的角度进行界定和划分。从与建筑设计的类同性上，一般分为居住建筑室内设计、公共建筑室内设计、工业建筑室内设计和农业建筑室内设计四大类；根据其使用范围概括起来可以分为：人居环境设计和公共空间设计两大类，其中公共空间设计包括限制性空间和开放性空间的设计；还有按空间的使用功能分类为：家居室内空间设计、商业室内空间设计、办公室内空间设计、旅游空间设计等。

四、室内设计的作用和设计原则

（一）作用

室内设计将实用性、功能性、审美性与人的内心感受特征相结合，强调艺术设计语言和艺术风格的表达，从心理和生理角度激发人的美感，关爱自然，追求生活质量，使人在精神享受和快乐心情中获得健康平衡的心态，这正是室内设计的价值所在。同时，室内设计也满足人们生活、工作和健康的需要，正确合理地分配空间，注重空间比例，处理好功能与形式的关系，形成一定的风格和格调，是创造环境舒适化、科学化、艺术化和个性化的人的需求而存在的。

(二)设计原则

伴随着时代发展和科技进步,现代人们已经对室内空间设计提出了更高的要求,设计师只有采取主动开发的策略才能适应市场的进步。现代室内设计应依据环境和需求的变化而不断发展。具体设计原则为以下几种:

第一,功能性设计原则。这一原则的要求是使室内空间、装饰装修、物理环境、陈设绿化最大限度地满足功能所需,并使其与功能和谐、统一。

第二,经济性设计原则。广义来说,就是以最小的消耗达到所需的目的。如在建筑施工中使用的工作方法和程序省力、方便、低消耗、低成本等。一项设计要为大多数消费者所接受,必须在"代价"和"效用"之间谋求一个均衡点,但无论如何,降低成本不能以损害施工效果为代价。

第三,美观性设计原则。求美是人的天性,同时美是一种随时空而变化的概念,所以在设计中美的标准和目的也会大不相同。我们既不能因强调设计在文化和社会方面的使命和责任而不顾及商业特点,也不能把美庸俗化,这需要有一个适当的平衡。

第四,适切性设计原则。简单地说,适切性就是解决问题的设计方案与问题之间恰到好处,不牵强也不过分。如针对室内空间中艺术陈设品与空间气氛的统一就需如此考虑。

第五,个性化原则。设计要具有独特的风格,缺少个性的设计是没有生命力与艺术感染力的。无论在设计的构思阶段,还是在设计深入的过程中,只有加以新奇的构想和巧妙的构思,才会赋予设计以勃勃生机。

现代的室内设计是以增强室内环境精神与心理需求的设计为最高目的的,旨在发挥现有的物质条件下和满足使用功能的同时,来实现并创造出巨大的精神价值。

五、我国室内设计的发展策略与前景

经过四十多年的改革开放,现代室内设计在中国室内设计行业已经经过一些特别重要的发展阶段,且一直都在不断成长,这有以下几个原因:一是经济迅速发展,人们生活水平逐渐提高,改善生活质量的空间需求增加;二是开放的环境,人们的审美意识不断提高,多元化并存的多层次需求增加;三是技术实现设计理念,设计工作的发展为室内设计的发展提供了有力支持。

(一)策略

1. 规范行业制度

针对一些不规范的设计公司和低专业素质的从业人员涌入室内设计市场的不良局面,有关部门可以采取有效措施。比如,提高室内设计行业准入门槛,加强行业资质的审核力度，避免部分不合规范的设计公司进入市场，扰乱正常行业秩序；对无资质的公司，坚决实行“请出”制度。应该与建筑设计专业院校共同制定室内设计专业规范，为培养专业技术人才提供依据。对于那些损害了消费者权益和正规设计公司利益的“山寨”设计公司，要加以严惩，追究其法律责任，并禁止行业内一切以免费设计欺骗消费者的行为。

2. 加强与建筑其他环节的联系

针对室内设计环节与建筑设计、家具设计以及装饰设计环节脱节的现状，建筑设计院校应在室内设计专业人才的培养方案中加入其他相关专业的教学内容，建立建筑行业的“全科”设计培养体系，使培养出的人才可以同时掌握室内设计相关环节的理论知识和专业技能。在建筑设计过程中，建筑师就应考虑到后期的室内设计，室内设计师可以根据不同的建筑选择最合适的室内设计方案，在不同的居住空间模式下购买合适的家具用品，将装饰用品放置在合适的位置，与居住空间相协调，形成整体的视觉舒适感。设计师要使每个环节协调一致，努力创造出良好的居住环境。

3. 加强室内设计创新

为了提高室内设计作品的质量，我国的室内设计师应该有效地借鉴国外室内设计的精华，同时保持自身的特色和个性，开拓新的思路，探索新的方向，在继承传统设计理念和风格的基础上，探索新途径，创造新的中国室内设计风格。室内设计师应具有不断创新的积极性，增强与时俱进的意识，充分理解和创新我国的传统文化，并将其应用到设计中。设计师应加强对生活的观察，深入研究业主的需求及其居住环境，并思考这两个方面，在联系中寻求创新的突破口，找到最佳的表达角度和方法，努力给业主带来新的感受。

4. 培养高素质的专业人才

大多数室内设计工作者是从在学校学习的时候开始设计的。政府有关部门应严格提高对室内设计专业设置的要求，对没有专业教师的学校和培训机构，要及时予以整顿或取缔。室内设计专业学生不仅要掌握理论知识，而且要有较强的实践能力。学校应实行理论联系实际的教学模式，加强对学生专业技能的培养。在条件允许的情况下，学校应尽可能与相关室内设计公司合作，为学生提供实习机会，使他们可以在设计现场学习设计流程，掌握设计理念，了解实时的流行趋势，通过实际操作加深自己对室内设计的领悟，为以后的工作打下坚实的基础。

对于走出校门从事室内设计工作者，更应该在已掌握的知识基础上，通过与实践的结合，努力提升自己的理论知识和设计能力。

室内设计作为建筑设计的后续环节，与人们的生活体验有着直接而密切的关系。室内设计产业的发展具有巨大的潜力和广阔的发展前景。有关部门和整个室内设计行业应充分重视室内设计专业的教育，为人性化、生态化、简约化、个性化、科技化等多种室内设计风格的发展提供更大的可能性，为消费者建设一个健康、环保、安全的家，承担起改善人们生活品质的桥梁作用。

室内设计在未来的发展中存在机遇，也会面临挑战。这就需要整个行业共同面对，抓住机遇，迎难而上，使室内设计行业向着更加健康、有序的方向发展。

（二）前景

室内设计这一理念从西方传入我国，到今天已呈现多元化和复合性特征。但当我们真正去审视这些千变万化的风格与流派时，却很难发现专属于我们自己的东西。现今室内设计应以在保留和发扬本民族特质的基础上进行创新，但绝大部分的设计师将设计思路粗浅地停留在对西方设计表象的模仿和抄袭上，用表象的形式的理念代替自我创新，“拿来主义”俨然成为我国设计方式的主流。我国的室内设计行业起步较晚，合理地借鉴成熟的国外设计方式和理念不外乎是一种快速进步和发展的道路，但单纯的抄袭与套用非但达不到学习和进步的效果，反而容易使我国的室内设计领域越来越丧失民族代表性和民族归属感。缺乏创新已成为我国现代室内设计中亟待解决的问题。

面对当前室内设计多元风格的飞速发展，要想在其中找到最适合设计师自身的风格，就有必要从民族传统文化中寻找突破口。我国拥有众多少数民族，不同民族的传统文化都极具代表性，而这些民族的传统文化元素完全可以利用起来，设计师要学会在众多民族元素中大浪淘沙，进行总结分析并利用，同时结合现代审美设计的理念，创作出符合现代审美、具有我国民族特质的优秀室内设计作品。

全球化的大背景下，设计趋同化这个问题逐渐被人所关注。生活质量水平提高了，民族归属感却被削弱了。因此，在构思设计的时候首先应将民族传统元素放在考虑的范畴内。室内设计本身代表了一种文化，这要求我们在设计中合理地分配处理好全球化与民族化的关系，他们中既有对立又有统一。首先，全球化发展在很大程度上影响了室内设计的发展，大量外来设计因素开始被我国的设计师应用到设计中去，一部分设计师通过结合我国民族传统元素进行创新，形成我国的设计思维模式：吸收外来优秀设计元素－结合本国民族传统元素－创造新型设计元素的设计模式；其次，设计师们需要认识到盲目模仿国际流行设计思路的局限性，只有多元化和复合化的条件下，才能创造出更符合现代化审美而不失民族代表性的室内设计作品。

现代新中式风格室内设计将中国古典元素与人们的细腻情感相结合，满足现代人的生活习惯和精神需求，从而更好地满足现代人的生活。这就要求室内设计师深入了解中华民族优秀传统文化，并具有独到见解，结合现代生活中的各种时尚和科技元素，将传统古典元素与现代文化相结合，使其协调统一，实现新中式室内设计的和谐典雅，为人们营造一个更加美观舒适的生活环境。新中式风格的室内设计受到大众的喜爱，因此室内设计师要不断地进行挖掘与探索，读懂传统文化中的内涵，结合现代生活中的丰富元素，将新中式风格的室内设计更好地创新与展现，使其在世界的舞台上熠熠生辉、大放异彩。

由此可见，在当前全球化趋势的背景下，让时代性与民族性共存发展已成为室内设计的一大发展趋势。面对全球化对民族文化冲击的这个挑战，如何走出一条合理利用和保护民族文化的发展道路已成为现代设计师的使命与重任。

第二节 现代室内设计的新表现

近年来，随着人们的生活水平不断提高，人们对室内环境的要求也越来越讲究。为了跟上时代的发展，满足大众的需求，以前从未出现的设计理念不断涌现。传统的室内设计风格逐渐被人们所摒弃，新的设计理念正在逐步提升其地位，现代新中式室内设计就是在这样的背景下登上舞台。这种新型的设计理念不仅仅继承了中华优秀的传统文化元素，还融合了新时代因素，这一新风格的出现受到了大众的欢迎并被采纳。

一、现代中式风格的设计思想

中式古典风格的代表，体现为汉代和唐代风格的厚重、粗犷，色彩高贵，图案富丽，有帝王气息；明清风格的精致、小巧、秀气，透着自然气息和书卷气，色彩清秀、对比强烈、图案精巧繁杂，是近代比较成熟的一种装饰风格，应用也比较广泛。现代古典风格糅合了中国古典装饰的很多元素，并和现在装饰手段相结合，大胆使用中式传统装饰中的材质和色彩，配以现代的灯光、玻璃、金属等元素，是传统的延续和发扬。中式风格的室内设计古朴典雅，具有独特的文化气质和亲和力。但过于纯粹的古典设计难免单调乏味，一味地照搬古代设计范例，往往得不到好的效果。将古典语言用现代手法诠释，融入现代元素，注入中式的风雅意境，使空间散发着淡然悠远的人文气韵，这才是广受欢迎的现代中式风格。

（一）造型特色

中国传统的室内设计融合了庄重与优雅的双重气质，中式风格是以宫廷建筑为代表的中国古典建筑的室内装饰设计艺术风格，高空间、大进深、气势恢宏、雕梁画栋、金碧辉煌，造型讲究对称，色彩讲究对比，装饰材料以木材为主，图案多为龙、凤、龟、狮等，精雕细琢、瑰丽奇巧。像窗棂、砖雕、门墩等这些传统住宅中的建筑构件，经常被用来做局部装饰，以展现中国传统艺术的永恒美感。以一些简约的造型为基础，添加了中式元素，如甲骨文、中式窗棂、方格造型等，使整体空间感觉更加丰富。

现代中式风格非常讲究空间的层次感，室内多采用对称式的布局方式，依据住宅使用人数和私密程度的不同需要做出分隔的功能性空间，一般采用“垭口”或简约化的“博古架”来区分,“雕花门片”也是常用的分隔形式;在需要隔绝视线的地方,则使用中式的屏风或窗棂,通过这种新的分隔方式,使单元式住宅展现出中式家居的层次之美。

中国风并非完全意义上的复古,而是通过中式风格的特征,表达对清雅含蓄、端庄华丽的东方式精神境界的追求,即使是使用玻璃、金属等现代建材,一样可以表现中式风格,求其神而非形。

(二)古典特色与现代生活相结合

现代人生活节奏加快,信息传播越来越迅捷,人们了解世界的方式也越来越多,进入了信息爆炸的时代。为了表现自我、突出自我,越来越多的人选择追求个性的鲜明和独特,并在日常的衣、食、住、行上表现出来,这样便出现了不同的时尚流行元素和风格。

快节奏的生活使不同风格大行其道。很多人不满足于现代风格的苍白无力,想赋予其一定的文化内涵;部分接受传统中式风格的人也不满足其复杂烦琐和功能上的缺陷,想在保持韵味的情况下对其进行改变和适当的简化,于是,现代中式风格就这样产生了。

民族的就是世界的,民族的就是时尚的。现代中式风格,正印证了这句话。但是,现代中式风格如何做好却并不容易。现代中式风格的设计并不是简单的两种风格的合并或其中元素的堆砌,而是要认真推敲,从功能、美观、协调、文化含义等方面综合考虑,从现代人的经济、生活需求出发,运用传统文化和艺术内涵或对传统的元素做适当的简化与调整,对材料、结构、工艺进行再创造,这样设计出来的作品才会是一个成熟的作品,否则不是太陈腐就是太轻浮,画虎不成反类犬,未免让人贻笑大方。

要把握好现代中式风格的设计,与设计者本身的文化修养和设计功底是密不可分的,这是多方位的知识累积,需要对传统中国文化的了解及对现代社会时尚元素的敏感有效地结合在一起,并使之相得益彰、水乳交融。两者都是博大精深的学问,前者包括对中国历史、人文、地理、古典建筑、儒家、佛家、道家、绘画书法、园林、风水等知识的融会贯通;后者包括对现代及西方建筑、美术的了解、对生活的理解和现代生活各项流程的熟知、对流行元素的敏锐和理解等。室内设计,反映的其实是一种生活方式,是对生活的一种态度。现代中式风格设计,这是现代中国人传承属于我们自己的设计文化,是继承和发展这个世界上历史最悠久、最古老伟大民族文化的一种方式,也成了室内设计风格中一道亮丽的风景线!

二、现代室内设计的研究意义

近年来,各国越来越重视中国传统文化,在室内设计中,积极运用中国传统元素理念。中国传统元素在室内空间设计中得到了应用,深刻地去领会传统文化精神对现代室内设计的影响是非常重要的。

传统元素是中国传统文化思想的载体,它所追求的和谐等理念与传统的人文观相通,中国传统元素和现代室内设计风格的融合是人们追求物质精神生活的需要。室内设计是以装饰为形式、功能为基本目的、物质与精神同等重要的室内生活空间。

室内设计中，首先是满足功能使用的需求，其次是增强空间的内涵，营造出空间的意境。通过运用设计手法、材料等元素，创造舒适的室内环境。

传统元素满足人的精神需要的同时符合现代生活的秩序，人们追求一种宁静舒适优雅的文化生活，只有植根于中国传统元素的现代室内设计才具有中华民族传统文化的味道。

如何对传统元素的运用是本书研究的意义，尤其是中国现代室内设计师有责任、有义务对其继承、发展。将中国传统装饰元素与现代室内设计相融合，设计出赋予时代个性的室内空间作品，对中国的室内设计走向世界的大舞台有着非常重要的现实意义。

三、现代室内设计的研究目的

（一）挖掘传统元素的精华，丰富现代室内装饰设计语汇

传统元素对于现代室内设计来言无疑是一笔巨大的财富。本书意在深入研究中国传统元素的基础上，探讨在中国现代室内设计中如何将传统与现代有机结合，传统元素的形式可被现代室内设计所直接借鉴或间接引用。这样，既满足了现代社会对于文化多元、多样和地方性、民族性的要求，又丰富了中国现代室内装饰设计语汇。

（二）与传统元素相结合的设计手法，促进现代室内装饰设计的发展

中国室内设计的发展还需要在室内设计过程中用现代的功能要求、现代的观念手法、现代的技术材料来展现传统文脉的“形”与“意”，即将“传统”与“现代”有机地结合在一起，创造出优秀的中国室内设计作品。本书正是由此出发，研究如何在中国现代的居住设计中体现出传统元素与现代设计手法的结合。

四、中国现代室内设计中的文化传承

中国自实行改革开放以来，西方文化的大量涌入，使现代中国人接触到了多种多样的文化。发达国家的现代艺术设计流派证明了多元文化的构建只能赋予特定的民族形式。作为中国的室内设计师就应在现代室内设计之中完美地融入中国的传统文化元素，形成具有中国特色的中式设计。这就要求室内设计师要对中国的传统文化艺术形式有着深入的了解，通过借鉴，对其神韵进行传承，并对其意蕴进行理解。同时，室内设计与文化背景是密不可分的，设计师要创造出具有民族特色的、具有地域文化特色的现代室内设计，就要对传统文化有深入的研究，结合历史背景和时代背景，扬长避短。将传统文化运用到现代室内设计中来，将中华民族的优秀精神内涵传承下去，使其达到传承中华文化的优良传统，丰富都市人的现代生活，彰显现代人的生活品位和文化特性等目的。

在室内设计中加入中国传统文化的元素，不仅能充分表达出典雅的东方色彩，也能更好地起到国际传播及交流作用。在当今世界上，文化能一脉相承并始终不曾中断的中国文化展现出的魅力让中国人所折服，也正是基于这一点，中国人民对传统文化和民间美学更是情有独钟。时代的发展有其基本的脉络，需要在设计中注入新的灵魂与血液。中国传统的文化艺术在具有装饰性的同时还往往具有生活上或民俗上的使用价值或目的。当中国的传统文化在由形式层面上升到精神内涵层面、应用到现代室内设计中就代表了中国人民的审美观念。现代室内设计是建立在传统文化的基础之上融合了现代设计语言并丰富了文化内涵的。包含时代意义的传统文化特性正适时地靠向主流，将会建立起新的现代室内设计理念，我们将以新的积极的姿态应对外来文化在精神上的漫无边际的影响。

在现代室内设计中对这些神韵的传承能更好地适应中国现代人所特有的哲学观念和审美意识，是对“形”和“意”的深化。可以说是对中国传统文化进一步的发展，使之在现代化的大趋势里不断进行完善。要设计出中国特色的现代室内设计作品，就应立足本民族的传统文化，深入到精神领域去探寻。在充分认识现代西方设计思想的基础上对我们的传统文化深入领悟其艺术神韵，兼容并蓄，融会贯通，设计出符合中国现代审美特色的室内设计作品。

（一）现代中国人审美价值追求的培养

在现代社会，我们对艺术价值的认识和追求停留在表面的层次上。在我们探究艺术时，很容易陷入这样一种困惑中，那就是：要么出于绝对的自信而陷入困惑，要么出于绝对的自卑而陷入困惑。如果我们想真正地面对艺术，或者按照艺术自身的要求来面对艺术，而不是想当然，那么我们就应该直面艺术的价值领域，或者说在众多的途径中，价值的途径才是我们通向艺术本质最根本的途径。

艺术与设计在它们诞生起就是一对不可分割的矛盾共同体，艺术讲求个性的体现，而设计在于大众，设计的构思来自生活而其作品又服务于大众。现代设计在艺术性和实用性上与以前的设计已有了翻天覆地的发展和变化，而与其他艺术作品的发展和变化不同，设计的发展不仅和人们的哲学观念有关，而且它还一直是跟随着科技的发展脚步的。

现代设计在中国的发展速度还十分缓慢，中国的设计水平与国外还存在着一定的差距。这一方面是因为我国的科技发达程度还有所欠缺，另一方面也是因为我国设计师在哲学修养上同国外设计师还存在一定的差距。没有纯粹的艺术，同样也没有纯粹的哲学，哲学总是存在于某时代的意识和人性理论之中，所以总与现实的理论、科学和艺术有很紧密的联系。审美价值可以通过可视的效果来建构审美心理，引领其多元审视，以优化审美心理结构。

对审美意识的培养也是对艺术思维的培养，而思维的开端是源于对一种新事物的好奇及思索。卢梭曾说过：“只要有热心和才能，就能养成一种审美能力，一个人的心灵就能在不知不觉中接受各种美的观念。”所以我们需要掌握非常丰富的知识，因为相关知识能丰富室内设计的审美感受力，承载着丰富知识和经验使我们的审美力更强，更富于联想和创造性，如鉴赏诗歌的意境美，可以启发我们创造室内装饰环境的意态美。学习哲学，可以用思辨的世界观确立我们的审美观，进而建立室内设计审美的美学观；哲学的方法论可以指导我们的设计思维等。

（二）中国传统文化体现在现代室内设计中的设计原则

1. 适中原则

从中国传统文化的精髓来看，中国人对人、事物的评价一般还是侧重于遵循"适中"原则，即从客观实际出发，中正地去发现和寻找解决问题的组织方式、方案和途径，反对过分地走极端，完全肯定或完全否定某方面。而所谓的适中原则，是坚持从整体协调发展的前提，在最恰当的时间、空间等多维思考角度出发，综合各种事物发展的要素和因素，提出最恰当和最合适的组织方式、方案和途径等，寻求解决问题的最佳方法。

在现阶段，室内设计虽然越来越多地受到西方思潮和文化影响，但人们在生活中并没有迷失自己的价值观和审美观。为了适应时代的前进与发展，坚持适中原则，是在坚持整体协调发展的基础之上，具体问题具体分析的解决方案是最佳、最合适的选择。在室内设计中，如果不根据具体情况，过度寻求空间的方法都是不成熟的，而相对符合传统形式美的法则，寻求和谐、稳定、安详的效果，同时又不乏表现性格、情感等因素，这样的室内空间形态才是恒久健康之作。

2. 整体原则

整体原则一直是我国传统的思维方式。室内设计中，也应该具有整体把握的能力。质感、舒适、美观、生态等自然特性都是室内设计一般会涉及的方面，同时涉及的还有时尚性、社会功用、人文风格等社会属性，整体原则意味着室内环境设计应该全面把握这两方面要求。这两方面属性表现于室内的有形环境与无形环境，有形环境包括家具、陈设、构件、装饰、绿化等人工环境，无形环境主要指人文环境，包括历史和社会因素，如文化、风俗、传统等。这些环境因素对室内设计有比较大的影响，需要综合整体考虑，才能塑造舒适与实用的室内空间。所以，室内设计是整体性的设计，只有整体协调处理，才能真正达到设计的目标。

3. 人本原则

室内空间为人所造、供人所用，人本主义将设计的根本出发点设定为以人为本。设计中应该始终把人对空间环境的需求，包括物质和精神两个方面的需求，放在首要的位置上。室内空间的营造同时要满足人的生理和心理的需要，要能够综合处理好人与人之间、人与环境之间的各种关系，要解决使用功能、舒适美观、环境气氛等各种问题。室内空间都与人们的行为、心理有着密切的联系，需要我们进行深入的研究。同时，在室内设计中，设计师必须充分考虑室内的各种元素、装置与人的行为发生的各种关系，必须研究人——即室内空间的活动主体的身体，会在空间中发生的各种活动形态，在不同的空间，身体本身的活动状况也随之不同，比如人的视觉、味觉、嗅觉、触觉等。

（三）中国传统文化元素在现代室内设计中的运用

现代室内空间里的各种造型、装饰、陈设等无一不表现着人们对美好生活的追求和期冀。这些不同风格的现代室内设计以科学技术为依托、以文化艺术为内涵，它们的发展往往反映了一个民族的文化精神。时代的发展有其基本的脉络，需要在设计中注入新的灵魂与血液。

首先，中国传统文化中整体的、辩证的、因果循环的思维方式，强调事物各方面辩证统一和相互间的联系，思维过程重综合、重归纳，反映在自然观上，就是“天人合一”。中国特有的思维方式，为现代科学技术解开某些课题提供了科学辩证的有力的思想武器。将思维方式转化到设计上，往往能够促成新创意的产生，它是为人所共知的、存在于潜意识中的思想意念。一个好的思维创意的生成，能够超越任何阻碍人类之间相互交流的因素，达到更高层次的彼此交流。设计师在进行设计时，如果能够把中华民族传统的自然观、哲学、思维方式融合到室内设计作品中，创造出既符合时代又具有文化内涵的设计作品，往往也会产生很强的艺术效果。

其次，中国传统文化在经过漫长的历史凝练后，逐步形成各具文化内涵的图形和纹饰，这其中包括人物、植物、动物、图腾、几何符号等形式在内的图形、图像，以及一些流传广泛的典故、成语、传说人物、景物等。这些传统符号既有具有传统象征内涵和比喻意义的图案和纹样，也有古代传统图腾纹饰以及传统宗教纹饰符号。这些在经历了岁月的凝练后都渗透出浓厚的历史凝重感，这些传统文化符号拥有强大的生命力，因为其传统文化符号是形式与内涵的完美结合。我们应该用今天的设计语言诠释与重现这种传统的艺术美。

再次，中国传统文化对自然情有独钟，采取顺应、亲近的态度来面对自然。几千年来，中国人对自然景物情有独钟。这种淳朴亲切的自然情怀反映在室内空间的处理上，就是尽量地将自然元素融入室内空间。通过花窗、门、挂落等建筑构件形成开敞的和半开敞的空间，将室外景观“借”入室内；绿色植物和盆景，作为室内陈设部分，能够使室内增添更多的自然景观元素。在室内营建日益精巧、和谐、完整的景观体系，体现人与自然的相融关系。中国传统的室内设计也在极力追求特定的情感意境，以达到能够传情达意的艺术效果。这些对于秉承中国传统艺术理念的同时包容西方美学的现代室内设计来说大有可借鉴之处。中国的设计师应立足于现实，深刻审视华夏民族的历史和文化，责无旁贷地对传统文化进行发扬与传承，将其与现代室内设计紧密联系起来，并将传统与现代美学及其设计理念融入现代室内设计中去，形成现代与传统相结合的室内设计风格。

第三节 室内设计中创新思维的应用

一、创新思维对室内艺术设计的重要价值

（一）有利于改进设计方案

创新思维是提升艺术设计作品实用性及艺术性的关键，在室内艺术设计中融入创新思维，有利于促进设计方案的改进。通过多次修改设计方案，不断创新艺术作品的呈现、设计方案的策划、艺术元素表达的构思，如此一来，不但可大大提升艺术设计作品的美学价值，而且有利于增强艺术设计作品的创新性，更好地顺应时代发展需求。

（二）有利于增强室内艺术设计作品的呈现效果

在开展室内艺术设计的过程中，创新思维的融入，能够帮助设计者拓展设计思路，开发出独特的艺术展现形式，以一种全新且独特的形式表达出自身对室内艺术设计的想法，可以使室内艺术设计表达效果得到明显增强。在室内艺术设计中应用创新思维，可大大提升室内环境的美学欣赏价值及艺术价值，增强室内艺术设计作品的呈现效果。

二、创新思维在室内艺术设计中的具体应用

（一）遵照科学设计原则

在开展室内艺术的过程中，设计人员应遵照科学的设计原则来制定设计方案，结合自身的设计经验，积极借鉴他人成功的设计作品及实践作品，努力形成一套具有自身特色的设计风格，严格遵照一定的创作规律，这样方能创作出更具价值的艺术设计作品，为人们创建一个良好的室内环境。

（二）注重室内艺术设计的个性化

若想提升室内艺术设计的展现效果，以适应人们对于室内空间的多元化要求，设计人员应紧跟时代发展趋势，将我国民族的个性化特点充分融入室内艺术设计中，尽可能地设计出富含民族特色及时代特色的艺术设计作品，这也是时代发展对设计人员提出的要求。

（三）合理设定室内艺术设计目标

创新思维的应用对于室内艺术设计目标的设定具有重要意义，它是保证设计目标科学性、合理性的基础。之所以开展室内艺术设计，主要是为了满足人们多元化的精神需求及生活需求，特别是在当下国民经济飞速发展的情况下，人们不再仅满足于物质生活追求，精神享受已逐渐成为越来越多的人追求的目标。人们大多数时间都是在室内环境中度过的，因

此对室内设计的艺术性要求越来越高。通过将创新思维融入室内艺术设计中,不仅可创造出更具个性、新颖且富有艺术美感的艺术设计作品,而且可使所设计的艺术作品更具特色及文化内涵,提升室内艺术设计的整体价值。此外,将创新思维运用于室内艺术设计中,要求设计人员构建出独具代表性的主题形式,先对所需设计的主题内容进行分析、总结,找出其中的核心所在,再对其进行适当的创新,以增强室内艺术设计的整体展现效果,提升其整体艺术价值。同时对于整个室内艺术设计工作而言,创新思维是保证设计作品能够满足人们多样化艺术需求的关键。

(四)从实际生活中提炼艺术设计元素

通过实际生活提炼艺术设计元素也是创新思维应用于室内艺术设计中的一个主要体现,因为将所提炼到的艺术设计元素应用于设计中,正是对传统设计进行创新的一个过程,加之所提炼的艺术设计元素均来自实际生活,能够让人们产生一种久违之感。将从实际生活中获取的艺术设计元素应用于室内艺术设计中并非易事,要求设计人员必须具备丰富的实践经历,这样方能保证艺术设计工作的顺利、有效开展。所以,在日常开展各种艺术设计活动的过程中,设计人员应注重对自身艺术设计经验的积累,同时,尽可能借鉴他人的成功设计经验,不断增强自身艺术设计实践能力。唯有如此,设计人员方能更好地将理论与实践结合起来,促进其自身创新技能的提升,进而设计出更具艺术价值和美学价值的艺术作品,满足人们对美的多元化需求。

第二章 中国传统文化元素与室内设计的关系

第一节 中国传统文化元素的内涵

一、传统文化元素的定义

中国传统文化元素，是凝聚了中国几千年文化思想、艺术美学的结晶；但传统元素受传统文化及传统审美观点的影响，又不可避免地存在着一定的局限性。尤其随着“后现代主义”思潮的到来及其广泛传播，传统文化与现代理念产生了一定意义上的冲突与碰撞。正是在这个意义上，研究中国传统文化元素，对其所蕴含的视觉美感和文化神韵进行深入的探索，对于现代室内设计就显得尤为重要。

（一）传统文化元素的内涵

从辞源学上来讲，传统文化元素中，“传”与“统”在历史上一开始都是单一概念。“传”的繁体字为“傳”，在甲骨文当中表现为一人手持器皿，正在传递给另一个人。可见，“传”的最初含义就是表示传递物品，到了后来又引申为“传授”“传播”。古代道路沿途多设有定点驿站，专供传递信息的使者短暂休息和换乘车马，因此，“传”在古代又指驿站或驿站的车马，进而表示一站一站地相传不辍。

传统文化元素中的“统”，本义指的是“丝的头绪”，但又被引申为在众多因素中能够控制或总领全局的根本或关键，地位非同一般。另外，“统”还指后世代代相传而不失其正的纲纪。因此，古代有道统、皇统、国统、学统、医统等，都是指某个领域内恒久不变的核心体系。

到了汉代，传统才由单一概念转变为述宾结构的概念。这一概念最早出现于《后汉书·东夷传》中：“自武帝灭朝鲜，使驿通于汉者三十许国，国皆称王，世世传统。”这里的“传统”主要指的是皇统、国统的世代相传。但是，随着社会的不断发展，传统一词已经扩大到文化的各个领域，除了政治、国体之外，还指世代相传的、具有独自特色的礼俗、道德、思想、观念、民风、民俗以及语言、艺术等。

从某种意义上说，文化有两个层次，一个是传统，一个是创新。作为一种传统文化，它的主要特征应该是前者，即文化的连续性和稳定性。这是因为，传统作为一个历史概念，虽然在历史进程中不断丰富、发展和变化，但只有从本质上把握它的连续性和稳定性，才能被视为传统。因此，不应混淆传统文化与现代文化的界限。中华民族是以汉族为主体，由多民族组成的古老统一体。正是在这个意义上，中国传统文化自然是以汉文化为主体的多元统一文化。中国传统文化是各民族几千年艰苦奋斗、不断融合的结果。因此，中国传统文化历史悠久，内容丰富，特色独特，在世界文化史上独树一帜。

中国传统文化源远流长。在漫长的历史长河中，中国传统文化的元素不断发展演变，形成了丰富的表现形式、独特的造型特征和深厚的文化内涵。它以其空灵的哲理、韵味无穷的艺术魅力和深厚的人文追求，傲然屹立于世界文化之林，越来越受到世界的关注。其内容涵盖社会各个领域，当中的人文哲学、审美取向和审美心理都具有鲜明的民族特色。传统文化、外来文化、新文化在现实社会中共存，构成了一个国家、一个地区、一个民族的文化特征，这就是传统。显然，只有真正能够团结一个民族、并使之延续几千年的，才能称之为民族传统文化。从某种意义上说，传统文化和民族精神是一个民族生存和繁衍的基础。没有它们，我们的民族就不能立于世界民族之林。

(二)传统文化的要素象征

1. 儒家思想文化

儒家的主导思想就是“仁”。仁者爱人是儒家最高道德理念，体现着一种朴素的对人的关怀。儒家许多思想常常被运用在中国室内设计中，因为大部分设计都有一个共同点即实用。因为有需求，所以有了设计，这种实用的设计就是为了让生活更加美好，是一种人文关怀的体现，是一种爱人之美。

2. 道家思想文化

道家思想认为美在于自然，“道法自然”，道家方法不同于其他逻辑或理性的相关思想，它不能用语言来表达，具有一定的抽象性，其实现方法比实际形象更为丰富。在现代室内设计中，道家的运用主要体现在室内空间的装饰和填充上，体现了空间的虚实感。室内外可以连接、交错使每个空间相互借景，增加空间的延展性和垂直延展感，体现了阴阳相对交替的自然规律，代表着一切自然事物的无穷生命力。在具体的室内设计中实施则主要表现在：在门厅内设置屏风或窗户，避免从门厅直接看到客厅。屏风的设置也具有分景的功能，这也隐含着道家“谦虚”的观念。

3. 传统材质的色彩肌理

在中国古代，大多数建筑物是用木头建造的，木结构在建筑材料方面也非常纯净。除了承重结构采用统一木材外，其他细部的建筑材料均采用各种材料，如屋顶、地板、室内装饰等，古代皇家建筑材料较为丰富。室内设计采用普通金楠木和椴木，在地面上常采用青白花岗岩和汉白玉作建筑材料，室外屋顶的砖瓦也需要不同的加工和制作。建筑原料互相搭配，根据不同材料的本色和材质肌理充分穿插，有序搭配形成丰富多彩的视觉效果，色彩的运用同样是传统要素设计的重要组成部分，和现代室内设计相融合形成了最具中国特色的室内设计。

（三）对现代室内设计的影响

从历史来讲，室内设计一直是从属于建筑设计的，始终是以依附于建筑内界面的装饰来实现其自身的美学价值的，因而没有得到应有的重视。伴随着二十世纪六七十年代之后"现代主义建筑运动"的到来，室内设计才开始作为一门独立的综合性学科逐步形成，在世界范围内真正得以确立。

"现代主义建筑运动"使室内设计从单纯的界面装饰走向空间的设计，从而产生了一个全新概念的室内设计专业。简单地说，室内设计(interior design)又称"室内环境设计"，是人为环境设计的一个主要部分，是建筑内部空间的理性创造方法。换句话说，就是对建筑物的内部空间进行设计。具体而言，室内设计就是运用一定的物质技术手段与经济能力，以科学为功能基础，以艺术为形式表现，根据对象所处的特定环境，对内部空间进行创造与组织的理性创造活动，形成安全、卫生、舒适、优美的内部环境，从而满足人们的物质功能需要与精神功能需要。这种设计是包括空间环境、室内装修、陈设装饰在内的建筑内部空间的综合设计系统，涵盖了功能与审美的全部内容，代表了现代世界室内设计的主流。

可以说，现代室内设计是一门复杂的综合性学科，是科学、艺术和生活的完美结合。它不仅美化了物体的外观，还涉及建筑、社会学、民俗学、心理学、工效学、结构工程、建筑物理学和材料科学等领域。因此，从某种意义上说，室内设计是一种文化行为，室内设计与文化背景密不可分。然而，在 20 世纪中叶以来的"后现代主义"思潮的影响下，在所谓现代文化趋同和传统文化危机理论全球化的背景下，现代室内设计在盲目追求个性、前卫或是盲目崇外的浪潮中迷失了传统文化的精髓。不过，当我们反思现代室内设计理念时，不难发现，正是在现代室内设计追求时尚和个性的过程中，中国传统文化元素在现代室内设计中日益显现出其魅力，它对现代室内设计的影响越来越大。准确地说，中国传统文化元素越来越成为现代室内设计的源泉和动力，成为现代室内设计创新的重要因素。因此，在现代室内设计中突出传统文化元素，强调其在现代室内设计中的作用，对中国现代室内设计国际化具有重要的理论和实践价值。

二、传统元素与现代室内设计

（一）现代室内设计对传统文化元素的反映

从现代室内设计发展的历史中不难发现，虽然随着科学技术的发展、人们观念的转变和室内设计本身的演变，现代室内设计已经越来越国际化和现代化，也恰恰是在国际化和现代化的进程中，室内设计越来越体现出传统文化元素的特点和轨迹，主要体现在以下两个方面。

第一，在思维方式上，现代室内设计反映出整体性的、和谐的、相对的以及转化的中国传统思维方式。中国传统文化中的思维方式强调“天人合一”“中庸”“辩证”“物我不分”“浑然天成”，而现代室内设计在其设计创作过程中，恰恰是融入了传统的思维方式，从而产生了较佳的设计效果。

第二，现代室内设计反映了象征内涵和比喻意义的传统符号。中华民族文化艺术经过漫长的历史凝练，逐步形成了具有典型传统文化内涵的图形、色彩搭配、吉祥寓意等。这些无疑都是传统文化符号形式与内涵的完美结合。而且，这些传统文化符号在经过了岁月的洗礼之后，渗透出厚重的历史使命感和凝重感，因而具有强大的生命力。在现代室内设计中，对这些传统文化符号的巧妙运用，恰恰可以营造出一种含蓄而高雅的室内空间意境和气氛。

总的来说，强调传统文化的内涵已经成为现代室内设计的一种趋势。因为后工业社会和信息社会越发达，人们对文化的需求就越迫切。因此，正是在这个意义上，现代的设计师要努力挖掘不同地区、不同民族、不同时期的历史文化遗产，用现代设计理念进行全新的诠释和传承，使室内设计具有丰富的文化内涵，并在风格和品位上提升到更高的层次，最终促进新设计风格的形成。

（二）中国传统文化元素的提取

中国传统文化是在日常生活中形成的，对广大人民群众有着深刻的影响。经过几千年的洗礼，中国传统文化依然散发着迷人的魅力。传统文化在历史上熠熠生辉，但在现代社会中却逐渐被忽视，其中一些甚至面临可能消失的情况。如何拯救民族传统文化，让它回归人们的生活，从根本上是对民族传统文化的继承和发展。要善于在日常生活中提取民族传统文化的设计元素，将这些传统文化的精髓与现代装饰设计理念相结合，在现代装饰艺术设计中加入传统文化元素。中华民族的传统文化博大精深，经过几千年的传承，具有民族风格的传统文化元素不计其数。

（三）中国传统文化元素识别性的建立

现代社会是一个高度现代化和信息化的社会，新材料和新技术的出现改变了我们的生产和生活。随之而来的文化思潮影响着我们的思维观念，新观念给中国传统文化元素带来了巨大的冲击。随着生活的变化和科学技术的发展，要求设计师了解不同民族的文化，掌握一定的知识，表达自己独特的艺术形式。传统的审美观念和传统的设计元素一直发挥着非常重要的作用。传统元素与时尚的结合给人一种民族化的感觉，传统元素可以继续通过时尚传播。时尚通过注入传统，增加文化和厚重感，增强其生命周期的连续性。对于现代室内艺术设计来说，创新不仅意味着在我国文化中寻找具有代表性的设计元素，更意味着要与现代科技和精神理念相结合，使现代装饰艺术设计发生质的飞跃。

第二节　中国传统文化元素在现代室内设计中的体现

一、中国传统文化元素在室内设计中的价值

（一）艺术价值

中国传统文化元素源自劳动人民的生产生活，在潜移默化间形成特有的艺术表达形式，具有自然性、本真性的基本特征。将中国传统文化元素融入现代室内设计中，首要前提是深度探究传统文化元素的视觉美感与艺术内涵。在现代室内设计中，整合应用传统文化元素是顺应主流审美的必然结果，这也对室内设计师的综合能力提出了更高的要求。室内设计师不仅要了解传统文化元素的内涵，更需要客观认知文化元素所代表的美学观念，进而形成具有个人特征的室内设计风格。伴随物质文化生活水平的提高以及跨领域文化的水乳交融，公众的审美观念逐步改变，而室内设计师应当准确掌控主流审美趋势，提炼与借鉴传统文化元素，彰显现代室内设计的艺术魅力。

（二）人文价值

中国传统文化元素不单纯是视觉性的符号，还预示着时代精神与社会文明。在现代室内设计中，设计师需充分考虑公众对美好事物的憧憬与希冀，融合象征吉祥安泰、平安喜乐的图案。在室内设计中，传统文化元素作为一类别具一格的设计语言而存在，可以激发受众的情感共鸣。同时，中国传统文化元素为现代室内设计提供了多元化的视觉表现手段，有助于增强整体设计的艺术魅力。

（三）社会价值

在现代室内设计中，融合传统文化元素，有助于传承与保护民族文化。随着市场经济的繁荣发展与社会文明的进步，传统文化元素受到公众的青睐与推崇。由于人们推崇平和与重德的生活方式，故而中式室内设计风格更能激发情感共鸣。为此，室内设计师应明确业主方的文化背景与心理诉求，保证设计作品能够得到认可。各民族文化的内涵不同，公众的心理审美也各不相同，室内设计师肩负着保护民族文化多样性的重任。另外，只有将市场经济与审美意识有机整合，才能创造出最大的社会价值。

二、中国传统文化元素在现代室内设计中的传承与创新

(一)中国传统文化元素在现代室内设计中的实践应用

在现代室内设计中,中国传统文化元素主要体现在传统元素符号、功能空间分隔方式、传统元素图案与家具陈设等方面,与现代设计技术协调配合,可确保整体设计的协调性,营造兼具现代感与古朴感的室内环境。

1.融合多样化传统元素符号

在现代室内设计中,融合传统文化元素已成为常见的装饰方法。通常,室内设计多以龙凤、牡丹、荷花与仙鹤等图案为主,预示着吉祥、富贵与安泰,利用这些极具代表性的传统文化符号,有助于营造浓厚的文化氛围,提升整体室内设计的档次。室内设计师应当对传统文化元素进行抽象化处理。需要格外注意的是,设计师可改变传统图案的样式,但要保留其内在韵味,以免出现适得其反的效果。

2.沿用传统室内设计的功能空间分隔方式

众所周知,隔断是传统室内设计中分隔空间的主要方式。隔断强调的是“隔而不断”,因此,这也对室内设计师的综合能力提出了更高的要求。如何体现“隔而不断”是现代室内设计师致力于研讨的新课题之一。在室内设计中,碧纱橱、屏风与博古架等作为传统文化元素的典型代表,可充分表达“隔而不断”的设计理念。

伴随室内设计行业的发展与公众审美的转变,将小桥流水、人工瀑布等室外景观引入室内的设计案例越来越多。它不仅可以充分展现出传统文化精神所追求的返璞归真、闲情逸趣,也将“隔而不断”的设计理念表达得淋漓尽致。在设计过程中,设计师要综合考虑功能空间规模、构造等关键要素,确保整体设计的协调性。

(二)应用丰富的传统元素图案

通常在室内设计中融合传统元素图案的主要表达手法如下:其一,利用传统元素图案装饰整个室内空间,在各个角落镶嵌变化多端的传统装饰图案;其二,在室内空间的局部位置使用传统元素图案,如门把手、窗沿及室内陈设物品等。同时,传统元素图案与现代设计技术的相互整合,可传承与保护民族文化。

(三)调整古风家具的陈设方式

在室内空间中,家具兼具装饰性与功能性特征。家具陈设可营造传统文化氛围,同时,也会在很大程度上影响整体氛围。在现代室内设计中,绝大多数的人们习惯于通过调整传统家具的陈设方式营造氛围。为此,设计师需要结合整体设计风格选购家具,并按照空间布局特征,调整家具陈设方式,加强整体设计的协调性。在现代室内设计中,传统家具的使用数量有增无减,这得益于传统家具的古朴气质,有助于舒缓快节奏的生活,体现出人们对宁

静致远的文化精神的渴求。

中国传统文化元素在室内设计领域的应用，应当体现针对性，既要考虑不同地区和民族的文化特征，又要不断创新，从而更好地提高融合设计水平，更好地促进文化的传播交流，以独特的设计理念和风格吸引更多人的关注，提升整体品位和情趣。所以，一方面，中国的室内设计师应当加强对中国传统文化的系统学习，深入研究室内设计的新理念，思考如何将中国传统文化元素和室内设计风格有效融合，打造更加独特的设计空间和风格体系；另一方面，要不断创新，室内设计应当适应时代发展的新形势，在市场化竞争日益激烈的今天，想要更好地在室内设计中融入传统文化元素，就不能进行简单的拼凑和模仿，应当更加注重设计的层次感，要用发展的眼光看待问题，有选择性地对中国传统文化元素进行借鉴和应用，从而丰富室内设计作品的内涵和底蕴。同时还要密切关注市场变化，及时了解公众对室内设计的想法，更好地融入民族特色、地区文化和公众的独特理念，以此为基础设计的作品将更加富有表现力和创新性，可提升室内设计的整体水平。

总之，中国传统文化元素和室内设计具有较大的关联性，为了进一步增强中国传统文化元素和室内设计的融合性，切实发挥有效的作用，建议设计师不断深入研究，积极探索中国传统文化的时代内涵，结合公众需求和审美情趣的变化进行动态调整，从而在研究和探索中获得更多的感悟，提升室内设计的创新性。未来随着中华优秀传统文化的深度传播和弘扬，传统文化与室内设计领域的融入将更加紧密，只有顺应时代发展，提升文化产品的创新性，才能更好地树立品牌，扩大设计应用影响力。

第三章　中国传统吉祥文化与现代设计的关系

第一节　中国传统吉祥文化的内涵

“文化”，在古汉语中的含义指“文治教化”，具有儒家文化的功利性质。藏语中的“文化”是通过佛教的哲学观念和修习原理来阐释，指经过学习而获得的知识，包括大、小五明学科。“文化”作为人类学和文化学的概念是一种复杂的体系，包括知识、信仰、艺术、道德、法律、习惯以及作为社会一员的人所获得的任何其他能力和习性。可见，不同的族群对文化的理解都是建立在自身的生活背景基础之上的。本书所指的文化具有社群性，是人在不同时代、不同地域群体的活动方式、过程和结果，是人类自我价值实现的过程，集物质与精神、实践与心理为一体，具有鲜明的时代性、地域性和民族标识性，而“吉祥”的“文化”则是根植于中华民族灵魂深处的精神核心。

中华民族注重人性的修养、道德的教化，忠孝为人，友睦处世，中国自古以来有着“礼仪之邦”的美誉。中国吉祥文化的传达借助图案艺术的形式，它以精神追求为本体、以交流社会信息和传递情感为主要目的。吉祥图案根源于上古时期，又经过了漫长岁月的演变，随着生产力的发展、文化的交流和文明的进步，演化出丰富多彩的内容和形式，导向和规范人们的行为。人名称号、地舆政域、天文生物、时令人事、衣食住行等方面，都有其相应的吉祥企祝文化。吉祥文化的企祝渗透在生活中的方方面面，主要有命运性、生活性、意象性的企祝。例如，福禄寿属于命运性的企祝，富贵康宁属于生活性的企祝，龙凤图案、八字数理等属于意象性企祝。

人类文明的发展是人类追求幸福、创造美好生活的结果。它是人类逐渐发现真理的过程，也是人类价值逐渐显现和提高的过程。自人类诞生以来，人与自然的关系就是相互联系、相互依存、相互渗透的关系，人类受制于自然，同时也在利用与改造自然。面对神秘的自然力量，在协调人的发展与自然关系的过程中，人类逐渐形成了有目的的文化审美心理，对有利于人类生存、彰显生命意义和价值的吉祥事物的追求应运而生。吉祥图案是人们对各种事物强调和赞美的一种艺术形式。“图案”在汉语中的意思是指图像和平面图。它的概念可分为广义和狭义，分别指的是物体形象的总体设计和自身的图案样式。吉祥图案是一种既有吉祥内容又有吉祥形式的图案。

从本质上讲，美是人的自我价值的肯定和体现。实现和提升人的自我价值的过程，也是人对理想的追求、创造和享受的过程。人们在生活中以吉祥图案的形式表现吉祥的事物，表达自己的精神诉求，寄望于理想的生活，祭神护佑，展示自己的力量和智慧，反映自己对现实问题的认识和洞察，象征着勇敢、人的生命力量和精神美德，以肯定其自我价值。在这一过程中，人们得到了心灵的慰藉，民族信仰的满足和审美愉悦的享受使人的内心世界和外在世界达到了一种平衡状态。

吉祥代表美好、幸福、幸运、顺利，《现代汉语词典》中的解释是"幸运；吉利"。"吉祥"二字在《说文解字》中分别解释为"吉，善也""祥，福也"。"吉""祥"二字是同义副词，代表善美、顺利，与"凶"对应。成玄英注疏《庄子・人间世》云："吉者，福善之事；祥者，嘉庆之征。"《易系辞下》："吉事有祥。"这里吉为事、祥为兆，有事实和征兆的含义。由此可知，吉祥是一种预兆，是一种象征，是人们对未来的企盼以及对美好的向往。从"吉祥"的概念中可以看出，吉祥的本质就是"和"，"和"是中国传统文化的内在精神和显著特征，包含融合、和谐、和睦、平和的思想和观念，其文化内涵就是中国传统文化中"天人合一、天地人和"的文化精髓。

文化是人类创造的物质财富和精神财富。古代中国是世界文明的发祥地之一，悠久的历史和深厚的文化沉淀为后人留下了巨大的财富。中国吉祥文化源远流长，博大精深，它起源于原始文化。在蒙昧的时代，人们对超自然力量与万物之间的联系感到非常神秘，他们害怕被自己的言行所伤害。因此，他们采取各种方式，如巫术、图腾等来避免灾难。于是，各种各样的行为、习俗和禁忌，以及吉祥的器皿都出现了。它表达了人们追求和平幸福、追求好运、避免厄运的心理期待。随着历史的发展，"吉祥"逐渐演变成人们日常生活中使用的一种信息，并得到广泛而灵活的运用。本书中"吉祥"的内涵包含了所有吉祥元素。

吉祥文化的表现形式是多方面的，根据张道一先生归纳的吉祥文化分为五个层面。

其一，语言。吉祥语言多使用在各地的方言上，如民歌、儿歌、成语、谚语和歇后语，内容格外丰富；另外如民间的音乐、山歌在传达感情时，以及民间口头文学、说故事给民众听的形式，都是有利于吉祥文化传播的方法。

其二，文字。吉祥文化对文字的运用可以说是从《诗经》开始一直传下来的，各朝各代都有诗人，不但文人作诗，田野庄稼汉也作诗，只是以不同的形式来表达。如对联（春联、喜联、寿联）、山歌、童谣、戏曲、猜谜语，甚至于顺口溜，这些都与吉祥文化相关联。

其三，民俗。在漫长的农耕时代，形成一个以农业为中心的文化体系，其中便包括了一些民俗事项，像男耕女织。还要求女孩子从小就要学习做针线活、织布、绣花，以便出嫁后在婆家不受歧视，于是便有了"乞巧"的民俗节庆。这种风俗事例作为历史现象与人文研究，可以看出中国人对幸福生活的向往。

其四，数字。数字也是一种文字，但是它又与一般文字不同，在吉祥文化中表现出很强的独特性，如一元复始、二人同心、三星高照等。当然中国人对于数字并不止于记数，其中如九五之尊，便含有人君的象征。

其五，图案。至于将吉祥语画成图画，以形象表现吉祥，看起来入眼，读起来也上口，不但有助于观赏，而且不受时间的限制。因此，一般的吉祥图都先有“吉祥画题”，然后将有关的寓意形象地组合起来，包括一些抽象概念也能由此表达出来。

虽然中国吉祥文化种类繁多，但最耐人寻味的便是吉祥图案了，它是吉祥文化的载体。吉祥图案生动具体地传达了吉祥的寓意，体现了对人与世界关系和意义的理性思考，具有一定的认知价值、功利价值和审美价值。吉祥图案承载着地域性、民族性的文化共同体和时代特征，体现了民族共同体的情感和气质，洋溢着独特的民族审美情趣和道德理想，为人们所呈现出视觉魅力和精神内涵，被赋予了对美好生活的追求和向往。

一、吉祥文化观念的定义

人类社会发展之初，人们的生活得不到保障，人们期望对生活的现实得到改变，吉祥文化便应运而生。随着生产力的发展、人类生存空间的扩大、改造世界方式的多样化，人类的思想意识变得越来越复杂，中国传统吉祥文化蕴含着中华民族的思想内涵、审美情趣、伦理道德等。因此，吉祥文化不仅是一种纯粹的传统文化，更蕴含着中华民族的民族情怀，它反映了中国人民的理想追求，也反映了中华民族独特的精神风貌和家园情怀。

（一）物与行的吉祥

1. 物的吉祥

吉祥物也是物体的吉祥物，是指通过对象传达给受众的吉祥意义。这里提到的对象包括自然界中的所有对象，即动物、植物等活的和无生命的对象，以及现实生活中不存在的对象，如仙、神。无论是在现实生活中，还是在神话传说中，只要人们有吉祥的概念，就必须包含吉祥的内涵。

在物的吉祥中，我们可以将其分为趋吉和避害两类。

（1）所谓趋吉，也就是指人们祈求富贵长寿、大吉大利的心理。例如，象征“多子”的大枣、石榴；象征“长寿”的松柏、桃、菊；象征“财富”的白象、金鱼；象征“聪明伶俐”的大葱、菱角、荔枝；象征“百事如意”的柏树、柿子和玉如意；象征“鹤鹿同春”的梧桐、鹤、鹿等。在吉祥纹样中常以吉祥物体为主，多是因为同音或是谐音引申出更多的吉祥含义，又或者是根据传说或神话故事人为地赋予其吉祥含义。

（2）所谓避害，也就是躲避凶灾的吉祥物，反映了中国人驱凶避害的心理，或者又可以称之为躲避邪物。前面已经提到，人们臆造出许多民间传说、神话故事，魑魅魍魉、鬼怪故事也不少。为了求得安宁、平静的生活，人们就会赋予一些物件某种法力，认为用这种物件能抵御鬼怪的骚扰和侵害。比如刀枪剑戟、斧钺钩叉被当作镇宅辟邪的法器，或在身上佩戴，或在家中悬挂。再如人们认为铜镜在五行中属火，火能焚烧万物，故铜镜能照万物使魑魅魍魉现出原形，不敢作怪。所以在民间常把铜镜悬挂于墙壁或者门楣，有些地方新娘出嫁时，手中亦捧铜镜。因为人们认为只有这样才能万事兴旺，一帆风顺，人畜两安。

同样的驱邪方法还有桃木，因为桃木是属阳的。在夸父对太阳的追赶中，桃花心木被神木所改造，因此，桃木具有保和、抑邪、驱鬼的作用。在古代，人们经常用自制的桃符文和桃木剑驱鬼。人们经常在元旦、搬迁、婚庆等重要场合燃放鞭炮，一是营造热闹喜庆的气氛，二是吓跑鬼怪。在春节，人们认为门是连接人与外界的主要渠道，因此，贴在门上的门神具有驱邪防灾的作用。自古以来，人们就非常重视门的作用，这样的吉祥物很多，大多反映了中国人趋利避害的心理，最终目的是追求吉祥。

2.行的吉祥

行，即指行为。行的吉祥是说人们认为某种行为、习惯代表了美好与吉利。行为吉祥又可分为祈求吉祥的风俗行为和本身包含吉祥的风俗行为两种。前者是为了平安吉祥而特意诚心去求吉祥的行为，后者则是某种风俗习惯中本身就蕴涵着吉祥的含义。比如在云南、山东某些地方，人们在红布条上写下自己的愿望挂到树上，祈求自己的愿望能够得以实现，这种方式就是祈求吉祥的行为；再或者一些地区的情人们将双方的名字刻在锁头上并扣挂在某个固定的地方，以求永结同心、恩爱两不移，这种行为也是祈求吉祥的行为。部分地区民间结婚需要在新房的婚床上撒大枣、花生、桂圆和莲子的习俗，寓意新人“早生贵子”，生儿聪明，生女灵巧，这种就是风俗习惯中本身就包含着吉祥的寓意。

（二）数与言的吉祥

1.数的吉祥

数就是数字，数的吉祥是人们认为某个数字单位或者某个数字具有吉祥寓意。在中国传统文化中，数字不单单当计数用，也蕴含着美好的祈愿。

《素问》中描述：“天地之至数，始于一，终于九焉。”其中“一”在我国被认为太初之始，万物之端，因此人们认为“一”是吉祥的数字。我们也经常说“一帆风顺”“一路连科”“一品当朝”等；“九”寓意崇高，表现为无限之大，因此在传说中常说天有九层，“九九归一”“九转功成”等。“六”在《易经》中代表阴，六个六在《易经》中为“坤”卦，表示大吉大利，所以人们才会说“六六大顺”，由此可见“六”也是个吉祥的数字，民间也有“六畜兴旺”“六臂三头”等。数字“八”由于与“发”谐音，所以人们认为“八”也是个吉祥的数字，一些喜事多选在带“八”的日子里，希望图个吉利，生活、事业能够一路发，建筑上也设计“八角亭”、景色也用“八景”等。还有很多地区认为“三、六、九”是个吉祥的数字，并且有“三六九，往上走”的谚语，所以将逢三、逢六、逢九的日子作为出门的好日子，婚嫁也常选带这些数字的聘礼。

除去单纯的一到十的数字范畴之外，人们还认为成“双”、成“对”是一种吉祥，所谓的“双”“对”就是偶数，人们在日常生活中也会说“好事成双”“成双作对”“福禄双全”“德艺双馨”“才貌双全”“名利双收”等。生活、学习、工作中也会情不自禁地贯彻做到成对、成双，这点更是体现了中国人爱用双数的价值观。

赋予特殊数字吉祥意义的文化来源于原始巫术文化。原始人认为数字不仅是计数的象征，而且是数量和物质大小的象征。似乎有某种神秘的未知的无限，对数字有一种崇拜和敬畏，于是，数字的吉祥性应运而生。数字吉祥不仅是对数字的崇拜，也是人们对自然崇拜的一部分。这些数字蕴含着人们对美好生活的向往。

2.言的吉祥

言的吉祥即语言吉祥，一般指在特定场合背景中所说的祝福颂赞性语句词汇。在中国古代人们认为语言是有能力的，“说啥来啥”“说曹操，曹操到”等这些民间的谚语都表现出当时人们认为说出的话语是可以实现的。所以在一些比较重要的场合和日子，人们往往忌讳很多，害怕不好的话会变成现实。因此都希望听到颂赞、夸奖、祝福的话语，希望能讨个“好口彩”，图个吉利，并认为这些吉利话不仅能给人们带来好运同样也能增添喜庆色彩。我国自明清以来，其祝福不外乎福、禄、寿、喜、财、吉、多子孙等祈愿，如“双喜临门”“福如东海”“寿比南山”“招财进宝”“喜报三元”“恭喜发财”等，又或者将这些祝福的词语叠加连成串押韵说出，以加强祈福的诚意，比如“福如东海长流水，寿比南山不老松”“喜珠石榴蛇盘兔，荣华富贵必定富”“恭喜新岁大发财，金银元宝堆成山”“公平有德财源广，和气致祥生意兴”“生意兴隆通四海，财源茂盛达三江”“七子八婿满床笏，恰似文王百子图”等。

吉祥语言要运用于适当的情境中，譬如过年的时候，我们会祝福“新年行大运”“新年快乐”“恭喜发财”等；祝寿时，我们会向寿星祝福说“长命百岁”“日月昌明”“松鹤长春”“寿比南山”“春秋不老”等；店铺新开业，要作揖祝贺道“开业大吉”“财源广进”“生意兴隆”等。

二、吉祥心理的诠释

上述所有关于吉祥文化方面的表现都源于人们的趋利避凶的吉祥心理，中国人心理上的吉祥祈盼由来已久，追根溯源大致有以下几个因素。

（一）原始信仰

远古时期，我们的祖先从猿变成了人，从四脚着地变成直立行走，他们与自然的关系也发生了变化。在这一时期，人们对自然知之甚少，依赖自然而存在。面对洪水、干旱等自然灾害，人类只能单方面祈求上天保护自己免受自然灾害的侵袭，并在此基础上使后代得以繁衍后代。由于这一时期对自然缺乏正确的认识，人们认为自然灾害中有神，森林中有兽。例如，看到天空中的闪电和雷声，我们认为在雨中有“雷神”和“电母”，也有“龙王”。人们在自己的生活环境中赋予一切事物以精神解释，解释一切不能被神解释的事物，并在日用器皿上画图腾祈福。原始时期的图腾艺术已经开始显现装饰的意义，其中蕴含着原始宗教信仰和人们对这一时期的美好期待。图腾崇拜在一定程度上奠定了中国传统吉祥图案的基础，包括古代人的精神文化内涵。

（二）儒释道思想

中国传统上是一个兼有儒释道思想的文化大国，道教虽然是中国本土创立的，但是中国人似乎很少表现出对某种神灵表现出过分且长期的追求。中国人追求自我修养、自我完善和社会进步的提高。孔子创立的儒学也从根植于民间的思想和观念中提炼和总结出理论，并加以发展和传播。最后，这种想法会影响公众，所以很难说是谁影响了谁。因此我们可以认为，中国传统独特的生存环境和生活方式，以及中国人的思维方式，创造了中国传统文化的思想，这种独特的文化思想包含中国传统的儒、释、道。这三种思想构成了中国传统文化。随着人们的需要，他们随时做出不同的调整和变化，从而更加适合中国人。

这种思想也在不同程度上体现在中国传统的吉祥纹样上，譬如中国传统节日中用于祭祀的吉祥纹样，多来自佛教，如观音菩萨、弥勒佛等。传统织绣上常用的图形“卍”字符号原本来源于佛教，有轮回长生之意，经历代相传在民间将其定位为“连绵不断，富贵绵长”的吉祥寓意。同样也有表现儒释道三教合一的纹样，譬如“一团和气”“和气致祥”的吉祥纹样，这从根本上说明了儒释道三教正是反映了中国大众的心理需求。

（三）伦理教化

中国自古就是一个伦理大国，从儒释道精神到传统的“三纲五常”，中国人总结出特定的道德规范，其中伦理道德中倡导和平友爱、尊老爱幼、热情好客、仁爱、诚实可靠、礼尚往来等行为规范成为中国人特有的传统美德。君臣、父子、夫妻之间的伦理成为中国人自然而然的道德规范。中国传统聚会时长幼有序，祭祀时座位前后、男女之别等无一不反映着中国传统的伦理教化。吉祥纹样其中的伦理教化功能的表达是显而易见的，它能直接引起人们的关注，刺激受众做出与之相关的反馈性行为，形成传统纹样的伦理教化功能，直接反映出人们对吉祥这种观点的心理。

这种对吉祥的期盼渗透到了中国人生活的点点滴滴，体现出中华民族追求吉利、平安祥和的心理需求。在我们的设计作品中也应理所当然地表现出中华民族所特有的文化情怀。

第二节　中国传统吉祥文化在现代室内设计中的应用

传统文化和现代化都是人们生活中不可缺少的组成部分，传统文化是现代化的起点和基础。文明不能抛弃自己的传统，去寻求其他的文化。极具形式感和仪式感的风俗习惯可以让我们的生活质量和幸福感得以提升，在一定程度上，表达载体和表达方式可以转换。通过将传统吉祥文化巧妙地融入家具产品设计中，使传统吉祥文化在不违背现代社会发展的前提下得以生存，得到新的应用和发展。

一、中国传统吉祥文化中家具产品的设计

（一）使家具产品更好地融入中国家庭的生活环境

众多的家居产品构成了我们的生活环境，并时刻表达着、影响着我们对于生活审美的思考。中国对于生活环境的探讨由来已久，在《长物志》中，文震亨凭借对生活的极大热爱与热情以及其可贵的审美创造力与品鉴力，在日常生活中展开了丰富的审美实践。他以审美的胸襟拥抱生活，以审美的眼光看待日常生活中的点点滴滴，以尚雅反俗，尚自然、古朴、简洁、素淡、奇异、精细等多种审美趣味导引日常生活中的设计与布置，通过对生活情境的审美创构、生活之物的审美观照和生活细节的审美经营，在日常生活中获得了审美愉悦，使日常生活经验向审美经验转化生成，从而在一定程度上打破了日常生活的惯常性、刻板性与压抑性，改造、完善和超越了日常生活，提升了生活的品位与格调。

到目前为止，这种优秀的人生审美哲学应该得到继承和发扬。在新的社会背景下，既要符合现代人的生活方式和习惯，又要避免设计语境的脱节。从吉祥文化的角度出发，进行设计研究与创作，思考家具产品与生活环境的关系，找出并理顺它们之间的关系，并通过设计来表达，使生活的审美哲学得以张扬，让更多的人拥有更加美好的生活。

（二）从新的创意维度出发思考家具产品的设计

在以往的研究成果上，大多是从用户和场景中存在的痛点以及市场调研情况出发，通过设计寻求解决问题的办法。在这里更强调家具产品设计的创新，在原有设计基础上，通过吉祥文化的代入，来讨论家具产品的创新设计方向，使研究成果在吉祥文化的基础上，能够在功能、交互方式、设计语言等方面达到较为合适的平衡。

（三）家具产品设计中的手法

1.象征手法

象征作为一种艺术的表达手法，是通过人们的生活经验和联想，借助现实中具体的有形之物，来说明一些抽象的概念。这样的表达手法不仅能够表达对于事物的深刻思考，并且能够为表达的过程增加意味与意趣。

由象征手法所表达出的吉祥文化寓意，在产品设计中可以通过功能设计的路径来达到一定程度的转换，以功能设计所期望解决的具体问题与吉祥文化中美好的寓意相联系，来得到具体的产品设计理念和产品定义。

2. 谐音手法

汉字的同音字很多，谐音表达手法便是利用汉字的这一特点，在表达的过程中，对具体形象以同音假借，成为吉祥寓意。这样的表达手法除了能够表达画面本身的内容，还能够表达出相关的联系以及引申出的细节，以此来使内容变得丰富。

由谐音手法表达出的吉祥文化寓意，在产品设计中可以通过形态设计的路径来达到一定程度的转换。比如“福禄”通“葫芦”，便可以“葫芦”作为形态来源进行形态设计，以表达出吉祥文化的美好寓意。

3. 表号手法

表号即是符号，汉字就是由许多种符号组成的，但其作为吉祥文化的表号有其自身的特点，可以既是某一事物或抽象概念的符号，还可以是某一个人或物的代表，并且能在一定程度上具有艺术上的审美需求。这些看起来像字但是并非字的表号，传达了吉祥的寓意，为大众喜闻乐见。

由表号手法表达出的吉祥文化寓意，在产品设计中可以通过形态设计中创意维度变换的路径来进行一定程度的转换。通过创意，将抽象的平面符号转化为空间的立体产品，以此来表达吉祥文化的寓意。

二、中国传统吉祥文化中陶瓷茶具的设计

(一)表现方式

中国吉祥文化在陶瓷茶具设计中寓意的体现主要以传统的文化为基础，以形式、色彩、装饰的配合体现出吉祥文化的寓意。通过赋予陶瓷茶具内涵，借以中国的吉祥文化寓意个人、企业朝着吉祥、繁盛的方向发展。在现代，设计师要注重本身的文化内涵，将吉祥的文化内涵引用于陶瓷茶具设计之中，提升中国陶瓷茶具的精神功能，让茶具展现中国浓烈的吉祥文化。

1. 形态上的体现

产品的形态是产品呈现给人的第一印象。陶瓷茶具的形态造型不同于一般艺术品，其设计与创造要受到功能、材料、工艺、经济等制约，因此艺术形式的表达相对于其他产品较为复杂。陶瓷茶具通过其形态展现出一定的气氛和情趣，给人以不同的感受。

陶瓷茶具的形态是营造造型的一个重要因素，它通过形态的尺度、形状、比例及其构成的相互关系，从而产生一种氛围、传达一种信息，使人产生如夸张、趣味、轻松、紧张、神秘、愉快等心理。传统吉祥文化通过在陶瓷茶具形态上的体现可以使消费者产生一种心理上的交流，让产品更贴近消费者，从而树立陶瓷茶具的形象。

2. 色彩的体现

色彩不仅仅是一种物理与生理现象，而且是一种心理与思想观念相连的现象。色彩作

为一种最直观的视觉对象，是陶瓷茶具最显著的视觉特征，也是消费者首先能注意到的。色彩是一种设计语言，不同的色彩在陶瓷茶具设计中可以传达给人们不同的情感、期望以及对美好生活的向往。

现在“色彩”在产品设计中更日益凸显其作用，它是产品个性的语言，我们可以看到不同的色调，如冷暖、灰艳的对比关系会影响人的心理，艳红会向人们传达一种热情洋溢的信息，而相反灰冷色会传达一种冰冷、孤独的气氛。色彩在不同领域内通常也会展示出不同的特性，比如在广告设计中会突出其鲜明性、认知性、情感性以及审美性等特点，而在室内设计中，色彩主要用来体现个性，调整人的心理状态，调整室内的气氛、空间感、体量感和温度感等。色彩在陶瓷茶具的设计中起着极其重要的作用，传统吉祥文化应将色彩融入茶具的主题与造型之中，让茶具反映喜庆、吉祥的寓意。中国人大都喜欢红色，在中国日常的喜事、节日等场合会看到到处是红色，大众以红色作为吉祥色。

3.装饰的体现

装饰不仅能反映艺术化的生活，更是体现设计的一种方式，它让产品的外形披上一种附属的外态美，并且还包含了韵律美、工艺美和内涵美等审美特点。中国传统吉祥图案是中国劳动人民对于美满生活、美好愿望的一种寄托，主要以吉祥图案、吉祥纹样、吉祥图式来实现其表现的目的。传统吉祥图案的装饰为陶瓷茶具奠定了美学基础，在实现装饰功能和寓意功能的同时，也满足了人们美好的心愿。现代茶具的表面也不乏纹理装饰，将这些吉祥文化应用于装饰中具有很强的直观性，能让使用者很直接地感受到设计者的用意，但将吉祥文化作为装饰应用于陶瓷茶具中要注意吉祥的寓意与茶具造型的形式相统一。

（二）要注意的问题

1.传承与创新的问题

中国传统陶瓷茶具历经千百年，蕴含着古代劳动人民的智慧与希望。古人对于陶瓷茶具的要求很高，从种类、色泽、质地、样式以及厚薄大小都提出了很多要求，在工艺方面，传统陶瓷茶具结合了诗、书、画、雕等手法。传统陶瓷茶具的创作是中国文化史上的瑰宝，它包含了古代人民的生活哲学、工艺技术、审美意识和价值观等。在现代陶瓷茶具设计中都离不开对传统陶瓷茶具审美与工艺的借鉴，随着国际上各种设计思潮的兴起，传统的审美价值观受到冲击，现代的陶瓷茶具设计要反映其价值就要思考好对于传统陶瓷茶具设计的继承与创新的问题。

我们要做好对于传统陶瓷茶具的分析与研究，首先要承认中国传统陶瓷茶具创作的工艺技术与审美等所包含的智慧，主动地去接受与欣赏它。中国传统吉祥文化应用在当代陶瓷茶具设计中需要注意，继承并不是单纯的复制与临摹，不是将传统的东西原封不动地移到当代设计中，而是要将传统优良的设计理念继承下来，将中国传统吉祥文化在理性分析的基础上进行抽象与概括，从而运用到现代设计中，并且在设计中强调“取意”而不是“取象”。

陶瓷茶具的创新设计并不是无中生有的，而是在传统的总结上进行创新。其创新要适应当今时代发展潮流，符合现代人的审美情趣、生活方式等，从而实现符合当代使用者的设计。

2.本土化与国际化的问题

现代国际化进程的快速发展对传统文化与区域文化造成了很大的影响，区域文化在其影响下正在被逐步同化，而与之相反的是现代国际化进程中人们对于区域文化的关注度却越来越高。现代的消费者与设计者也从未放弃对于区域文化的理解与关注，我们可以从当代发达国家的产品中看出其本土化文化影响下的设计风格，如德国产品的严谨、实用，日本产品的简约、环保等，这些产品的设计风格，无不反映出这些国家的区域化特点。中国有着历史悠久的灿烂文化，有着显著的中国区域化文化特征，中国的产品需要更加强调自己的特征。

中国人自古就讲究喜庆、吉祥，中国陶瓷茶具的设计创作也一直没有脱离中国吉祥文化。吉祥文化是中国重要的本土化文化，随着当代中国经济的快速发展，国内消费者对于陶瓷茶具的需求量越来越大，对于陶瓷茶具的品质与精神需求也越来越高，人们希望陶瓷茶具产品能契合他们追求吉祥化的传统心理。在当代全球化进程中，中国的本土化文化容易受到国外各种文化的影响和冲击，而国外对于中国本土化文化的关注日益高涨，能展现中国吉祥文化的陶瓷茶具也越来越受欢迎。因此在当代国内与国际的双重需求下，中国的陶瓷茶具设计首先要立足中国传统吉祥文化，要让中国的陶瓷茶具产品展现“中国特征”。

（三）创新设计价值与展望

中国传统吉祥文化源远流长，在全球化的今天，越来越多的设计师将眼光瞄准了中国，中国的吉祥文化在国际舞台上越来越红。中国陶瓷茶具作为中国传统的日用品，凭借其优良的化学与物理性质从古流传至今。中国现代百姓的生活水平随着经济增长而增长，对陶瓷茶具的消费量也越来越大，同时对陶瓷茶具的要求也越来越高。随着经济全球化的发展，国外陶瓷制品大量涌入中国，作为陶瓷发明国的中国，陶瓷行业面临严重的挑战，中国的陶瓷行业在陶瓷格局中处以中低档的位置，其创新设计、研究开发、工艺与技术等方面明显落后于国外。陶瓷茶具是实用性和鉴赏性的统一，中国企业要在继承中国传统吉祥文化元素的基础上创新发展，结合现代审美、科技、社会发展需求和当代国际化趋势等，使中国的陶瓷茶具在展现中国吉祥文化的同时具有现代化气息，这样中国的陶瓷茶具才能满足国内日益增长的精神与物质消费需求；让中国陶瓷茶具真正走出国门，让世界关注中国陶瓷茶具，展现中国传统吉祥文化的艺术魅力，提高世界对中国传统文化的关注与认可度，树立中国文化大国的形象；有利于带动中国整个陶瓷茶具行业的发展，这也为除了中国陶瓷行业外的其他行业发展提供了理论和实践的依据。

三、中国传统吉祥文化在现代设计中的传承与发展

中国传统吉祥文化是历经世代锤炼和传承的优秀传统文化，作为中华民族特有的文化底蕴标志，其中包含着民族的真善美性情，反映着广大群众的理想生活。风流云散，时代变迁，现代中国社会变化万千，设计文化也日臻完善，中国传统吉祥图案正接受着时代的洗礼。我们尤其有必要将我们中华民族历史悠久、内涵丰富的传统文化展示给广大民众，使民众注意到这一由历史和社会塑造的别样文化记录和影响了人类社会文化发展的多样性。

（一）中国传统艺术的现代文化价值及社会功能

中国吉祥图案的图形符号是广大劳动群众认识世界和改造世界的媒介之一。中国吉祥艺术传统的造型审美与文化内涵已形成了根深蒂固的美学体系，原本固有的装饰样式超越历史时空形成新的现代风貌，对中国现代的艺术设计产生了巨大影响。民间传统吉祥文化中的造型形象积淀着本民族的地域特点、民俗风貌、文化背景和历史变迁，它是一条串起传统文化艺术本体与现代设计之间的精神纽带，也是中华民族文化的重要源流。

民族划分的区域性是导致各地历史背景下特有的民族艺术形式相差迥异、分门别类的根本原因。从另一个角度来看，缺少了各个地区文化的特征，也就不会存在整个艺术体系的绚烂多彩和五花八门。各种文化下的艺术形式，并不存在真正意义上的好与坏、高与低、优与劣。相反，各种地域性的文化，都是本民族人民智慧与审美的结晶，也是丰富多彩的世界艺术深厚的根基所在。各种艺术形式的突出手法也许是大相径庭的，可使它们都遵循同一个理念、同一个梦想，那就是对美的追求，并且表现出惊人一致性。

1. 回归东方优秀传统文化

当今社会，到处弥漫着浓郁的高度信息化和现代化气息。新生代的思维、理念，以及更多行业中涌现的新型材料、多元化的新技术和新成果，更是令我们眼花缭乱，层出不穷的新事物不断挑战传统的中国文化，怎样处理好这种冲击背后所引发的一系列问题，是我们将要面对的困难之一。

一般情况下、一定时期下具有特定图形的符号都构成了中国传统文化不同时期的艺术代表，因此特定的符号表征也都和特定历史时期紧密联系在了一起，而支撑这些图形和符号神韵的正是其背后积淀的厚重而悠久的中国传统文化。在吉祥图案悠久的延续过程中，无论是视觉审美特征还是深厚的文化内涵底蕴均为设计文化的繁荣发挥了积极的作用。吉祥图案正是凝聚了现代简练符号的特征以及并不缺乏深层含义的特点，可以说是中国传统文化中较为突出的典型代表。

中国传统文化以其丰富的文化语言焕发着魅力，而吉祥图案就是这精深文化中极具中

国味道的产物，它那形式美与深层意念结合的方式也同样给了我们许多创意的灵感。当各式各样的精美吉祥图案作品展现在欣赏者眼前时，人们不但收获了美的享受，同时也毫无刻意地得到了美的熏陶，体会到真善美的真正内涵，诱发了人们对美好生活的崇尚、向往和追求。建立了人们健康高尚的审美情趣，净化了人们的内心世界。我们不难发现，中国传统吉祥图案不仅拥有辉煌绚丽的历史，更是当今设计领域所需求的时代先锋，更重要的是，这个巨大的宝库还将绽放出新的时代色彩。

2. 艺术的继承与创新

近年来，快捷而新颖的计算机辅助绘图和国际互联网等现代科技成果被广泛应用于艺术设计领域，为实现创意、传达信息提供了有力支持，经典艺术也悄悄变换了形态，寻找新的展示方式。我们不难发现，现在的许多含有吉祥韵味的设计作品有了新的表现形式，如新的展示媒介、互动式的交流产品等，这些无疑是传统文化先进性的表现。当然，利弊是共同存在的，在传统艺术崭新的发展过程中出现了建立在数字理性基础之上的设计思想，比如对高科技手段的过度依赖、受商业利益的驱动等，在享受新意的同时也带来了十分明显的负面影响。

现代社会是多功能的巨大集成，以开放性和包容性的姿态传承装饰艺术传统，从实质上探求传统艺术的原创精神，是全面提升对创新意识认知的一种手段。中国传统艺术具有丰富的想象力，其手工劳作精神所蕴含的严谨性与亲和力作为创新动力和创作源泉，给中国现代艺术设计提供了充足的养料，而不致走向单一强调技术至上的歧途。另外，具备现代科技知识结构的设计者，也应主动掌握计算机辅助设计等新的技术手段，使之成为新时代的手工工具。这不仅是对装饰文化的有效传承，而且还可以促进现代艺术设计的历史进程。在这里，我们提出传统文化的可持续发展，在发展过程中形成良性的可循环过程，将我们优秀的传统文化无限发扬下去，成为设计文化领域发展的典范，这也是我们所期望并努力奋斗的。

3. 艺术与现实生活

艺术设计的经典之作，取材通常来源于生活，但并不是对生活肤浅的平铺直叙，其中凝结了创作者们的汗水与智慧，可以说是生活的真实反馈，还是现实的高度结晶。我们在现代设计中强调传统文化是为了使视觉语言更富有情感、更富有个性。传统吉祥艺术作为一种独特的社会文化现象，它反映着一定的社会经济、政治、宗教文化形态，蕴含着民族的哲学、艺术、风俗以及整个价值体系的起源。

传统艺术来源于民间习俗，因而民间艺术符号的使用就必定依附于其发源地的特定生活习性和地域风俗中。这种受民俗功能制约的依附性特征，多表现在画面的构图处理与使用功能上。艺术与现实生活就像鱼跟水的关系，不能分割。在人们所熟识的设计领域中，我们广泛应用的许多艺术手段，其背后都有相应的图案学原理默默支撑。因而，能够做出便于普及、简洁明了、文化含量高的浓缩符号图案，也是现代设计师们所奉行的创作理念。好的作品，必然涵盖自身的特性，更能突出共性，使人一目了然、过目难忘，从而实现了实用性和审美性双重价值的完美体现。

对于现实生活中涌现出的无论是新的设计作品还是新的设计理念，追溯其根源，都离不开背后蕴含的文化内涵。即使再奇特、再别具匠心的新颖符号语言，也是由原始的象征意义叠加现代新思潮所组合而成的。传统文化的产生总是历代相延、积久而成的。传统艺术符号的形成，并不是简单地被发掘，而是经过数十年、上百年甚至上千年的时间积累而成的。艺术的产生总是脱离不了生活，反之，生活中也缺少不了艺术的风采。

在新的时代中，我们将传统元素融入新思潮、新观点、新概念之中，并加以融合、变异、重构，使之变为适应时代发展的、并适合现代人们生活实质需求的设计元素，服务于现代人们的生活，这将是艺术与现实生活的完美结合。

4. 回归人性化的本质

即使是始终以排斥装饰为口号的现代艺术设计，其本身的追求形式感的精神实质，也是将装饰形态改头换面，赋予其现代视觉意义上的简约化和结构化。后现代主义强调形态的隐喻性和象征性，把装饰艺术情趣从结构中抽离出来并加以强化，使外在的、富于感性特质的形式，与内在的、具有理性特质的结构，重新统合为一个整体。后现代主义赞成形式与结构的弹性关系，重视文化历史意义的继承，所以装饰艺术传统的许多潜在因素在现代设计中又以新的语言方式表达出来。

现实生活当中的作品应当是基于设计师们对民族文化的深刻理解之上、自然而然创作的设计作品，是区别于应用外来文化产物的情感流露。现代设计中古今并用的实例不乏经典作品，单一的使用传统图案或者一味地崇尚现代风都是不可取的，作品的内外兼容、内涵丰富才是最终理想。说到底找出一条与现实生活联系紧密的、适合现代设计发展的可持续路线才是解决问题的关键所在。

完美的设计结果总是散发着理想的味道，给人们诠释出人生的真正含义，陶冶了人的情操，使人们的价值观念得到健康的培育，也使人们的个性趋于全面的和谐发展。让观赏者在欣赏成功艺术作品的同时，能够看到生活的本质，感悟生活，美化其心灵，并建立健康和正确的人生观和价值观。特别值得我们考虑的问题是，任何形式变化都应朝着贴近人性化需要的方向发展并延伸，而不是相反。因此，回归人性化的本质才是传统文化发展所面临的恒久问题。

（二）中国吉祥文化在现代设计中的传承与发展路径

如果说传统吉祥艺术的产生，是人类生命意识开启以来在理想生命的繁衍、发展、进化过程中凝结而成的独特的生命图像象征艺术，那后续发生的吉祥图案的延续和变异，则带有一种自主和自创的艺术诉求。艺术无疑属于人类感性经验的领域，而现代设计为人类社会所带来的则是形象的、鲜活的、互动的缤纷视觉体验。

世界上每一个国家和民族都有自己的传统文化。要形成这个国家或民族不同时代的艺术设计风格，总是需要从传统文化中汲取营养的，当这种传统文化孕育下的艺术设计风格与时代的需求发生共鸣时，一种新的设计形态就会产生，一个国家的设计风格就是在这种循环中不断变化发展的。

1.坚持现代设计的国际化与多元化发展

现代设计作为艺术领域的一门独立学科在当今经济高度繁荣的社会中越来越突显出其不可忽视的地位，其涉足领域也发生了由传统单一到多领域跨行业的转变。通过影视、网络、杂志等现代化的互动手段，延伸至任何人都可以对审美提出要求的综合性行业。设计的局限性存在于所有艺术形式之中，这也有必要将多种艺术多样化，使其齐头并进，各得其所、势在必行。若是可以在一种艺术中达到共鸣，取长补短，这也就是艺术达到极致的表现了。

随着中国经济的飞速发展，中国越来越成为世界关注的焦点。在这样的背景下，中国的文化、艺术已经在世界文化的舞台上占据着举足轻重的地位。现代设计正以其独特魅力连接着我们的现实世界，制造着新时代的神话。

设计是没有国界的，市场在为设计师提供大量展示才华和机遇的同时也带来了挑战，即面对的问题是对自己深厚文化底蕴的严重缺失，这些激发了我们对文化精神家园回归的热情，而首要任务则是对中国文化的秩序的回归。现代中国设计文化的前进方向前途光明，即有着极其广阔的文化底蕴与社会前景，随着人们文化思想和经济生活水平的提高，国内现代设计领域也将在不断吸纳变化组合的过程中深层次地改进以及创造出自己特有的艺术模式。

进入 21 世纪，在高度现代化的条件下，纳入我们视野的是在世界文化语言环境中，现代性审美对民族文化的选择及各民族之间相互影响，在吸纳中以其民族文化的特征性走向世界。因此，寻求一条适合自身发展的多元国际化路线是我们的当务之急。

2.重视现代设计本土化发展中的需求与探索

地域的划分与各民族心理的差异，造就了不同审美心理，因此每一个国家和社会群体从最初就遵循着各自的设计文化规律而发展。现代设计作为一门国际化的应用课题，在发展中必须面临多国籍、不同地域的文化审视。传统吉祥图案是中国设计文化个性品质的基础，也是设计艺术家创作的立足点，要将我们的设计文化与其相联系，必须要在民族感、时代感方面做足功课。从某种意义上讲，传统的东西是最具生命力的。传统与现代没有一个明显的分界线，不是孤立存在的个体。如何在本土化发展中合理地利用资源寻找自身价值是我们面临的棘手问题。

从哲学的角度来看，任何一种艺术形式，当它以某种风格见长的时候，同时也就有所欠缺；反之，当其盛行的时候，也预示着未来的衰变，这反映了传统思想中阴阳协调之意。传统吉祥艺术自然没有一成不变之理，它有纵向的传承性和更新性，还有横向的适合性与制约性。如何合理利用这种多向性的特征来扩展我们的资源库，达到效果的最大化实现，是我们面临的长期课题。此外，对于吉祥图案未来发展趋势的把握，也是值得人们去好好思考的。

在全球一体化进程中，设计领域也难免受到其大趋势的影响，但此时正是中国传统文化向世界展示自己风貌的最佳契机。从实际应用中来看，现代平面设计领域之中也不乏将传统吉祥图案与现代设计理念完美结合的经典之例。传统吉祥图案作为中国传统文化的瑰宝，不但使我们的创意思维更加丰满，而且也能提供给我们大量的视觉表现手段，还可以让我们的作品更加具有文化底蕴，起到了画龙点睛之笔。

中国设计尚处在蹒跚学步阶段，我们应该很好地学习和借鉴西方先进的文化理念，但学习的目的是吸收，是为我所用，而不是被外来文化所淹没。可见，在本土化发展中的现代设计所面临的是一把双刃剑，如何做到恰好的满足需求又探索出适合自身发展的捷径，这条路还很长。

3. 工业和信息时代走有中国特色的设计道路

不管我们来自哪个民族，有什么样的民族习性，我们身上都会呈现人类所特有的共性，这是不可抹去的。因此，时代的延续性以及地域之间的互通性，致使在新旧以及中外之间并没有断然的界限，一切都在自然的渗透、转化和变革之中。如何合理地利用这种发展势态，避免不必要的文化摩擦，努力把握和权衡其中的精华，放眼于更加广阔的前景，是每一个投身民族文化事业工作者所应具有的基本意识与觉悟。

很长一段时期之中，人们过于认同西方文化，这在宏观上激发了中国现代文化理论的根本性停滞，极少会出现喜闻乐见的有效措施以及建设性主张；从微观上讲，可以理解为设计者信心的缺失，使得众多设计方案不能够顺畅的经历良性循环，因此在社会上也不能长久的生存。其原因在于经济的意义通常决定性地制约着设计原则，设计者在这样的大环境中也没有办法获得积极有力的支持以及进一步有效的文化信息。这种现象通常发生在社会转型和变迁的阶段中，也是从事设计领域人们所面临的最为棘手的问题。

随着信息传播技术的发展，现代设计在电脑图像处理技术的助推下也创造出了前所未有的高质量、高效率以及全新的多极展示方式，带来了丰富的视觉表现效果。在经济时代下发展的设计艺术，不断汲取新的养分能量，带来全新的视觉盛宴。人类不可能一味品尝辉煌的过去而不再创造更加辉煌的现在与未来，要在继续弘扬经典传统的基础上不断寻求新的灵感，才是使得传统得以延续的最佳举措。

4. 坚持去其糟粕与取其精华并存

随着时代的发展、科技的进步，新时代物质生活越来越多元化。如何在纷繁复杂的世界中脱颖而出，这就要求我们的设计拥有个性与特色。在现代设计中一方面要紧扣时代的潮流，另一方面也必须体现中国的民族特色和民族文化。中国传统吉祥文化内容丰富、形式众多，将其巧妙地运用到现代设计中是大势所趋。然而具体怎样地借鉴确实让很多人摸不到头脑，全盘接受必然会导致毫无新意；一味地否定也会毫无民族特色。因此，面对中国传统吉祥文化，应该保持先抑后扬的态度，即去其糟粕、取其精华，才能更好地传承与发展传统吉祥文化。

（1）摒弃中国传统吉祥文化中的糟粕

正确表达出民族特色，为中国的设计注入新鲜血液和时代气息，需要新时代的设计师们长期的实践和探索。对于中国传统的文化艺术，不可能全盘照收也不会全盘否定，否则中国数千年的文化链条会断失。中国的传统文化艺术必须是一个扬弃的过程。

现在，一些人为了眼前的蝇头小利，表面上为了弘扬中国传统文化，私底下却做一些有辱中国传统文化的事情。譬如，打着解读《易经》的幌子，肆意宣扬占卜吉凶、抽签算卦，大发横财；或者拿着中国佛经鼓吹自己为现代活佛，能看人生死，从而广收门徒敛财；又或者民间所谓的算命先生看相、看风水、画符骗钱，甚至还出版类似宣扬迷信的书籍以及一些寺庙中还有多捐钱免灾的说法等，诸如此类的封建迷信活动在民间不胜枚举。封建迷信活动的危害是无法想象的，小则危害人身，大则影响家庭，甚至还会危害到一个国家乃至一个民族的兴衰。总而言之，新时代需要我们在设计中尽可能地摒弃中国传统文化中丑陋的风俗习惯、封建迷信，重振中华文化，向全世界宣扬更多中国宝贵的物质文化。

（2）继承中国传统吉祥文化中的精华

中国传统吉祥文化是充满智慧的先人们创造出来的，其吉祥文化与吉祥寓意涉及我们当今生活、学习、工作的方方面面。吉祥文化丰富了中国传统文化，是中华民族文化的伊始，并延续到今天，为中国上下五千年历史的辉煌增添了浓重的一笔。历史发展到今天，我们应该不断继承和弘扬中国传统吉祥文化中的精髓，将祖先留给我们的宝贵财富延续并发展，将中国传统文化与时代下的科学技术相结合，运用新的表现方式传达出不一样的文化内涵。中国的吉祥文化同样也是世界文化的重要组成部分，它是东方文化中最具内涵的文化之一。中国传统吉祥文化所体现出的艺术形式和表现手法是现代任何一种艺术形式不能替代的。

中国现代设计要想体现民族性与独特性，必定要与中国传统吉祥文化相结合。这样一方面是对中国传统吉祥文化的继承，另一方面也是文化的发展。也只有通过继承与发展的方式让世界更加认识中国、了解中国，从而在世界上树立中国的新形象。

5. 加快传统吉祥文化产品主题化开发

中国作为四大文明古国之一，经过数千年的积累和沉淀，形成了整套完整的中华文明体系，滋养着一代又一代的中国人。吉祥文化作为贯穿传统文化中的重要一支，在绵延数千年之后，仍然活跃在人们今天的生活中，中国人始终以追求吉祥美满的生活为目的，体现着对幸福的美好追求。在物质文明日益发展的今天，精神文明显得尤为重要，文化特别是传统文化日益彰显出它的生命力与价值。在5000多年文明发展中孕育的中华优秀传统文化，在党和人民的伟大斗争中孕育的革命文化和社会主义先进文化，积淀着中华民族最深层的精神追求，代表着中华民族独特的精神标识。要从优秀传统文化中寻找中华民族的根脉与文化基因，坚定文化自信。

传统是民族之根，是一个国家和民族现代化的出发点。文化的民族性是一个民族的文化得以存在的前提，没有自己特色的文化是不可能存在的，全球化并不意味着文化民族性的消亡，只有既能够适应全球化，又能够保持自己特色的民族文化才能够得以存在和继续发展。在全球化这场洪流中，我们只有坚守自我，保持自身的民族特色，才能屹立于世界文化之林，所谓“民族的就是世界的”，没有民族也就没有世界，在全球化的趋势中坚守自我就是为世界民族文化贡献自己的一份力量。

从现代设计角度出发，立足传统吉祥文化，加强产品的主题化开发是对文化创意产业蓬勃发展的重要贡献，也是对吉祥文化的继承与发展。

第四章　中国装饰元素在现代室内设计中的应用

第一节　中国传统装饰元素在现代室内设计中的分析

一、中国装饰元素概述

(一)中国装饰元素的内涵

作为基于上下五千年的历史文化而形成的一种艺术形式,中国传统装饰应用在室内设计中,可以将特定环境、特定背景下的文化内涵折射出来。中国传统装饰在历史各个时期中的设计上存在着不同特征,都说明了不同时期文化与艺术的多样性。将其应用到现代室内设计当中,是一种创新,也对室内设计现代化发展具有十分重要的意义。

经过数千年的洗礼,艺术才形成了现如今绘画、舞蹈、雕刻建筑以及其他多种多样丰富的形式,装饰当然也是艺术的一种相当重要的表现形式。中华民族上下五千年有着非常深厚的文化底蕴,都可以在各个时期的中国元素中体现出来。优秀的中国元素是指凡是被大多数中国人认同的、凝结着中华民族传统文化精神的、体现国家尊严和民族利益的形象、符号或风俗习惯。我国的装饰元素所包含的内容横贯古今,囊括中国上下五千年的文化属性,内容非常多样。现如今,中国的传统装饰元素已经普遍应用在室内设计当中。

“中国装饰元素”作为一个带有民族地域特色的词语,在现代设计行业的运用中非常受欢迎,当然在室内设计行业中也不例外。虽然在室内设计作品中经常会运用到一些中国装饰元素的符号,但是到目前为止对于中国装饰元素的深层内涵还没有一个确切的界定,那么应该如何理解这一概念呢?

首先,我们要先了解一下“装饰”这一词语的概念。何为装饰呢?装饰是以各种有机的或无机的、自然的或非自然的以及各种抽象的几何形态为内容,来实现对物体的美化,简言之,装饰就是依据一定的方法进行的有目的的活动。[①] 装饰源于生活并以提高生活境界为最终目的。室内的美化就是室内装饰,是为了满足人们生产和生活的需要,合理地组织和塑造

① 章迎尔,贾峰,杨焯铁等.建筑装饰设计[M].上海:同济大学出版社,2010.

舒适而具有美感的室内生活环境。

中国装饰元素作为传达装饰文化的视觉符号语言，在现代室内设计行业越来越受到重视。在这里我们不得不提一下“中国元素”这一概念，陈原川在《中国元素设计》一书中说道：“中国元素来源于中国传统艺术，是从传统艺术中提炼出来的精华。”①中国装饰元素是中国元素不可或缺的重要组成部分，它比较倾向于装饰性的表现方式，主要对具有中国装饰形式的形态进行剖析。

由此可见，中国装饰元素是指被大多数人认知并接受的视觉符号语言，体现了中华民族五千年文明的独特装饰文化特征。它既包括具体的物质形态，又具有抽象的精神意识。在视觉方面，它能向人们传达信息、表达情感，比文字更具感染力和说服力。在现代室内设计领域，中国装饰元素的设计是包括设计师在内的相关室内设计工作者，他们将具有浓郁民族特色的中国装饰元素运用到现代室内设计中，使新与旧、东方与西方、现代与古典有了新的搭配形式。

（二）中国传统装饰元素的种类

作为装饰艺术的重要组成部分，中国传统装饰纹样在装饰主题和装饰手法上具有不同的特点、文化和审美趣味，形成了一种复杂多样的附属于中国历史文化的艺术形式。中国传统装饰图案反映了中华民族对美好事物的朴素追求。不同特征、不同形式的艺术符号是对民族文化的完美诠释。从内容到形式，中国传统装饰元素大多具有明确的审美和实用性、深刻的文化内涵，并具有一定的道德和象征性，具有较高的实用价值、文化价值和审美价值。接下来，对本书将中国传统装饰元素进行分类和阐述。

1. 具象和抽象

在中国文化艺术宝库中，有多种传统的装饰图案和多种表现形式。在历史的洗礼下，传统装饰图案逐渐发展成为一种独特的装饰造型体系。传统装饰纹样从表现形式上可以分为具体的和抽象的。

(1)具象

具象纹样在设计领域中有着显著的位置，它是人们从具象的自然形态中美化、创造出来的。具象纹样一般包括植物纹、动物纹、人物纹、器物纹等。

植物纹理包括莲花纹、冰梅纹、岁寒三友纹、卷草纹、折枝纹、牡丹纹等。

动物纹理包括：一类是现实中生活的动物，如鱼纹、鹤纹、鹿纹、狮子纹、蝙蝠纹、喜鹊纹、蝴蝶纹等；另外一类是在现实生活中没有的，在民间流传的、想象出来的吉祥瑞兽，如龙纹、凤纹、麒麟纹等。

---

① 陈原川.中国元素设计[M].北京：中国建筑工业出版社，2010.

人物纹主要是一些神话传说人物、历史人物、宗教人物等，如伏羲女娲、八仙过海、福禄寿星等，这些纹样寓意吉祥。

器物纹样，比如如意纹、菱镜纹、宝珠纹等。

装饰纹样类型多样，其内容表达的寓意是不同的，人们常常通过比喻、象征、谐音等手法创造出纹样，其艺术形式多样，寓意吉祥。如龙纹，是常见的传统装饰纹样，龙是我国古代人民创造出来的一种抽象的瑞兽，是威武、至尊的象征，经常同“凤”和“祥云”结合在一起，表达高贵、吉祥、幸福之意，如“龙凤祥云”；古人又用蝙蝠、寿桃、双钱相结合，组成“福禄双全纹”，寓意幸福长寿。不论是春秋战国的铜镜，还是秦汉的瓦当、南北朝石窟壁画、隋唐碑雕、宋代陶瓷、织锦等，都以典型的传统装饰纹样作为“祥纹”。总之，中国传统装饰纹样都以物寓意，物吉图祥，达到情景融合、主题鲜明突出，整体构思巧妙，形成了独特浓郁的民族色彩和个性，真正地体现着民族审美文化的蕴意及其形式美的要求。

(2)抽象

这里的抽象纹样是不具体物象的图案，是对具象纹样的概括和升华，将具象纹样抽象化，就是具体的客观物象经过创作并结合独特的情感获得而创造出来的一种艺术形象，具有强烈的象征性，其内容更丰富，意义更深远。抽象化是受工艺因素或者时代的影响所致，纹样造型的变异是抽象化的主要原因，它更多具有的是象征性意义。在文化历史发展的长河中，最初的纹样都是为了驱邪降祥，那些纹样图案精致生动，既起到了装饰性作用，又有其所蕴含的文化价值。在《吉祥图案题解》一书中列出了一些抽象纹样，[①]大致有：鱼目纹、环纹、云纹、龙纹、锁纹、鱼背纹、盘长纹、菱花纹等；还有几何纹样常用的回纹、雷纹、万字纹、联珠纹、冰裂纹、双胜纹、棋格纹、连线纹等也是属于抽象装饰纹样一类的。上述所说的这些抽象纹样与具象纹样的部分有着相似之处，但形式能辨，含义可寻，都已经被归结为纯粹的装饰纹样。实际上，这些抽象的装饰纹样是具象的题材，只不过是对其进行了抽象的运用，到底是怎么抽象而来的，这就是要看具体的设计手法和所要表现的内容了。抽象纹样在现代室内设计中的具体应用表现在造型上不受限制，能够充分体现纯形式的造型语汇和装饰形态，获得视觉的形式想象，服从视觉美感，体现抽象形式的艺术感。可能在抽象过程中具体要求繁复异变，将具象纹样进行拆解、重组、提取、精简等，要求在烦琐中体现出层次感和节奏感，乱中求序，这就更加增加了抽象纹样的内涵，同时抽象纹样对艺术处理手段和加工工艺是有高要求的。传统装饰纹样作为中国传统文化之瑰宝，不论是简单还是烦琐、精简还是粗犷的纹饰造型，都凝聚着相应时期独特的艺术审美，这些纹样装饰性效果强，同时也表达了人们追求美好生活的一种观念，以别具一格的艺术形式享誉世界。

---

① 刘志远，金研. 吉祥图案题解[M]. 周进，编译. 北京：知识出版社，2009.

2. 中国书画

(1)书法

中国几千年的璀璨文明孕育了古老的传统艺术,而中国书法就是其中一门较为古老的汉字书写艺术。我们的汉字从最初的甲骨文、金文演变为大篆、小篆、隶书,直至楷、行、草,各种形体逐渐形成,它们在不同的时期散发着独特的艺术魅力。迄今为止,书法字体已演变到上百种,其中最具代表性的为篆书、隶书、草书、行书、楷书等。中国书法是一种独特的视觉艺术语言,以汉字为依托是书法艺术中最主要、最直接的表现因素,这种艺术形式在世界文化艺术宝库中绽放着它独特的魅力。从开创先河的秦代书法到完成书体演变的魏晋书法艺术,如王羲之的天下第一行书《兰亭序》、王献之的书法艺术,再到书学鼎盛的唐代书法,如颜真卿的天下第二行书、柳公权的玄秘塔碑,再到元、明、清时期的赵孟頫、文徵明、董其昌等,中国书法可谓世界上一门最独特的艺术,散发着其他艺术形式不可比拟的艺术魅力。

(2)绘画

中国绘画有着悠久的历史,是一种传统的民族绘画,在其不断的发展和演变的过程中形成了人物、山水、花鸟等分类,中国绘画是中华文化的重要组成部分,它强调形神兼备,不拘泥于表象的形似,大胆打破时空的限制,具有高度的想象力和概括力。早在战国时代,我国就出现了成熟的绘画艺术。中国绘画分为写意画、工笔画、没骨画三种形式,这三种形式的绘画所表现出来的手法和风格是不同的。写意画即是用简练的笔法描绘景物,多画在生宣上,纵笔挥洒,墨彩飞扬;工笔画细腻、写意画简练、豪放;没骨画也叫无骨画,是直接用墨或者颜色直接渲染而成的无勾勒墨线的一种绘画手法。

3. 传统工艺

(1)陶瓷

陶瓷是陶器和瓷器的总称,它们有着丰富的形式和造型语言,其浓厚的文化气息感染着现代人的生活。每一件陶瓷工艺品不仅凝聚着时代和工艺的成果,也记录着历史的痕迹,且在装饰上集诗文、绘画、书法、雕塑等为一体,并将古今融为一体,体现着深厚的文化价值和审美价值。陶器从质地上分为白陶、黑陶、灰陶、红陶、印纹硬陶;从装饰上来分,分为彩陶、彩绘陶、绳纹、镂孔等。瓷器是陶瓷器发展的一个更高阶段。按照瓷器的制作工艺和装饰效果,可将其分为青花、斗彩、釉里红、粉彩、新彩、颜色釉、综合彩。在瓷器发展史上,明代以前的中国瓷器没有装饰纹样,主要以色彩的纯净度为标准,称之为素瓷,按颜色分类又分为青瓷、白瓷、黑瓷;明代以后彩绘瓷开始流行,主要有青花瓷等。变化灵活多样、形式语言丰富的陶瓷艺术向世界展示着独特的中华文化。

(2)剪纸

传统剪纸艺术有着悠久的历史,是中国最具特色和独特风格的民间艺术之一。剪纸是一种平面纸质雕刻镂空的艺术，具有很强的装饰性，一般用来装饰居室，如多用于墙壁、门窗、房柱、灯具等的点缀，渲染一种兴旺、祥和、喜庆的气氛。剪纸的纹样大致可以分为人物类、动物类、山水类、蔬果类、文字类等；以剪纸表现的寓意来分，可以分为驱邪降祥、趣味、祝福、劝勉、警戒等。剪纸艺术在每个地域都可以看得到，并在不同地区形成了不同的风格。客观来说，中国剪纸艺术同样承载着中华文化，是一种物承文化现象，不论在造型形式还是文化内涵的传承上，它都以强大的生命力延伸着民族文化，并且体现着人类艺术最基本的审美理念和品质，其艺术特色鲜明，反映着社会生活情趣。剪纸艺术构图造型图案化，形象夸张、优美，富有节奏感，色彩单纯明快，强调装饰、对称、画面均衡、构图平视，追求质感，通过平面简单的图形，表现出中华民族传统文化内涵。

（3）壁画

顾名思义，壁画是人们将画直接画在墙壁上的一种艺术，属于建筑物的附属部分，具有很重要的装饰性和美化环境的功能。壁画是一种古老的艺术表达形式，早在原始社会时期，人类就在洞壁上刻画各种图形用来记事，这是最早的壁画。若要增强建筑环境的装饰气氛，就可以通过壁画来表现，它突破了平面二维空间，在视觉上形成立体感，既配景，又借景，使建筑空间集功能和审美于一体，延伸其价值。壁画具有很强的艺术表现力，从技法上来分可分为绘画型和绘画工艺型。绘画型就是直接以绘画的形式表现壁画效果，而绘画工艺型则是通过绘画和工艺制作手段来共同完成壁画效果，这样既能体现出肌理性能，又能表现出材料的质感。绘画工艺型壁画的主要类别有镶嵌壁画、壁刻、壁雕、陶瓷壁画等。

（4）刺绣

刺绣是有着悠久历史的中国传统工艺，是中国古老的手工技艺之一，大约已有两千多年的历史。刺绣，也叫针绣，主要手法是用绣针引彩线，将设计的花纹在纺织品上刺绣运针，以绣迹构成花纹图案的一种手工工艺。手工刺绣的图案工整娟秀，有着高雅清新的色彩，针法多样，雅艳相宜，绣工精巧，细腻绝伦。早在战国、两汉时期，刺绣水平就已经有很大发展；在唐宋时期，刺绣针法匀细，色彩丰富；到了明清时期民间刺绣进一步发展，先后出现了“四大名绣”，即苏绣、湘绣、粤绣、蜀绣。除了“四大名绣”之外还有顾绣、闽绣、京绣、鲁绣、汴绣、汉绣、苗绣等，各具风格，历久不衰。

4.汉字

汉字，也叫中文字、国字，汉字是迄今为止连续使用时间最长的、最古老的文字之一，它起源于远古的记事画图。在形体上由图像变为由笔画构成的方块形表意符号，是一种符号、一种特殊的图形，具有直接的表意性，同时又具有抽象符号的意义，本身具有审美价值，符合形式美的法则。汉字的演变经历了几千年的漫长历程，发展至以篆书、隶书、草书、行书、楷书等字体最具代表性。比如，楷书的壮美的气势；行书的妩媚的线条；草书的动态的、美的韵律等。古文字阶段的汉字以及汉代以前的文字更具有形象性，有着独特的魅力。汉字是我们中华民族几千年文化的精华所在，蕴含着人类丰富的情感、智慧和人文追求，寄予着人们的情感和哲理，给我们精神上鼓励和联想，给人们美的感受。汉字可以作为一种装饰出现在各种器物或者壁画等上面，如直接写上“福”“寿”“吉祥”“富贵”等寓意吉祥的汉字，也可以用各种书法体组成“百寿”“百喜”图等，让这些汉字通过形来表意，布置在室内空间中，营造出一定的意境，颇具意味，并且表达着人们的美好的祝福。

5. 传统装饰色彩

色彩由于不同民族、不同地域和不同的文化背景，由原本客观存在的自然现象逐渐延伸为具有浓厚的人文特色的一种文化，中国传统色彩讲求“五色观”，即黑、白、青、赤、黄，虽说是只有简单的五色，但“五色观”饱含着丰厚的文化底蕴，在传统的宗教壁画、民间年画、传统服饰、京剧脸谱、古代建筑中大量应用。在传统色彩中，赤色和黄色为正色或者最尊贵的颜色，赤色即红色，象征太阳、热情、权威、自信，是个能量充沛的色彩，是我们中华民族最钟爱的颜色，甚至成了中国人的文化图腾和精神皈依；黄色、黑色在中国传统色彩里也具有典型性，如民间使用的黑色瓦最初就始于这种形态，又如紫禁城的红墙黄琉璃瓦，都绝妙地体现出了五行相生的原则。在传统色彩中，青色、白色一样具有典型性，传统建筑中的粉墙黛瓦，如苏州博物馆新馆的设计，所有的建筑体大都用的是青色、白色这两种传统色，使建筑体的风韵、神采、姿色浑然融为一体，更好地将中国传统装饰元素表现得淋漓尽致。

6. 传统家具

中国传统家具历史悠久，工艺精湛，在中式室内空间设计中当属重要一笔。传统家具从单一到多样，发展至明清时期达到了它的历史高峰，积淀下深厚的文化内涵，形成了独特、鲜明的民族风格。传统家具按照使用功能可划分为桌案类家具、床榻类家具、屏风类家具、椅凳类家具、箱柜类家具、架具类家具等。在设计形式上讲究对称，彰显贵气；设计材料以木材料为主，上面精雕一些传统吉祥图案或者纹饰，集审美与功能于一身。

（三）中国传统装饰元素的特性

中国传统装饰元素是几千年东方文化积淀的宝贵财富，形式多样、题材广泛，反映了人民群众在社会生活中所产生的思想认知，是其他艺术形式难以替代的，有着深刻的文化内涵。

1. 象征性

五千年中国装饰文化博大精深、源远流长，中国装饰元素在其中被赋予了特殊的含义，并给予了象征意义，给其蒙上了神秘而带有传奇色彩的面纱，同时也寄托了人们对美好生活的向往和憧憬，深刻表达了人们的情感和文化信仰。中国装饰元素的象征性是指中国装饰元素作为某种观念的一种表现形式和传播媒介。

中国装饰元素内容丰富多样，主要是有生命、力量、权威的象征，中国古人把内心的情感通过某种客观事物表达出来，这正呼应了“天人合一”的哲学思想。例如，在室内墙面上经常会挂有梅兰竹菊的中国画，从中国人的观念来说，这些花草具有的高贵品格，好比人中君子，表达了对高尚品德的追求和向往；再如，长城以其雄伟的气势以及历经战争沧桑的洗礼，成为闻名于世的纪念性建筑，是中华民族精神和力量的象征，是中国人铁血意志的象征。

2. 民族性

民族性即民族特色文化和民族精神，是中国装饰元素最核心的基本特性，中华民族独特的民族特性在设计界享有很高的声誉，“民族的就是世界的”这是我们耳熟能详的一个口号。中国装饰元素的民族性是以儒佛道三家文化思想为基础，那些伦理道德、礼仪纲常对我们现代人的生活方式也产生了深远的影响。在世界各民族装饰文化的发展中，中国装饰文化以其独有的民族地域特色显示了它的相对稳定性。

中华大地幅员辽阔，不同的地域环境，中国装饰元素的表现方式也不一样，其中所蕴含的民族精神和文化内涵也在随着时代的发展而演变着，使中国室内设计更具时代感和民族多样性。例如，在室内装饰中经常见到的剪纸艺术、陶瓷陈设品等都体现了浓郁的民族性。随着国际化的发展，世界各民族文化出现相互融合的局面，在这个大融合的背景下，中国装饰元素的民族性也迎来了新的挑战和机遇，在吸收借鉴外来民族优秀文化的同时，也要不断地丰富和创新中国装饰元素的民族性，建立一个时代性和民族性并存的设计文化体系，只有树立中国室内设计的“民族性”，我们的设计才能在世界上站稳脚跟。

3. 装饰性

中国装饰元素的装饰性是最基本的特性之一，在现代室内设计中，中国装饰元素无不透露着其独特的装饰性和趣味性，富含东方韵味。虽然受到西方个性张扬的现代设计理念的影响，但中国装饰元素在造型和装饰方面仍没有放弃委婉含蓄的精神意境，在装饰色彩的表现上都会恰到好处，给人留下典雅和庄重的双重特性，在线条装饰上，直线的严谨始终和曲线的柔和交相辉映。由此可见，中国装饰元素的装饰性表达重心不是事物的外表，而是蕴含在其中的宝贵的民族精神文化内涵。

中国室内装饰总体布局对称均衡，端正稳健，在装饰细节上崇尚自然情趣并富于变化。例如，中式家居表现出的丰富的层次美感，不但可以阻挡一些视线，而且还可以有效地分割空间；中式家具的直线条装饰更是恰到好处地反映出现代人对生活的简单要求；室内装饰小品的选用可以起到画龙点睛的作用，这些装饰品可以是装饰画、布艺，也可以是陶瓷小品等。中国装饰元素的装饰性与时下流行时尚元素相契合，体现了传统文化与现代设计的有效融合。

（四）中国传统装饰元素的演变

中国传统装饰元素打破了时空的禁锢，正诠释着多样的空间环境。较为保守的传统中式风格在一定意义上已经远不能满足现代人们的需求，中国传统装饰元素依托着一件件中式风格的设计作品悄无声息地演变着。传统中式风格在影响其他设计风格的同时也受到了多种设计风格的影响，不难看出中式元素有着由繁到简、由具象到抽象，并不断被发掘出其新功用等诸多演化特点。

1. 极致精简，由具象到抽象

中国的现代艺术设计，表现出以具象描绘为主，逐渐向图案纹样结合的符号及文字元素表现的特点，也称其为“极致精简，由具象到抽象”，这一根据具体需要做抽象处理的演化特点还可以简单地概括为中国古典装饰元素在演变过程之中的“简化”。下面以中国最具代表性的图腾神兽——“龙”为例，加以论述。在早期，古人对于大多数自然现象无法做出合理的解释，于是便希望自己民族的图腾具备风雨雷电那样的力量、群山峻岭那样的雄姿，像鱼一样能在水中游弋，像鸟一样可以在天空飞翔。因此许多动物的特点都集中在了龙的身上，龙也渐渐成为骆头、蛇脖、鹿角、龟眼、鱼鳞、虎掌、鹰爪、牛耳的样子，这种复合结构，意味着龙是万兽之首、万能之神。尽管龙的形象是人们根据想象拼合出来的，但从其诞生之日起便有着较为具体的形象，在建筑及室内外装饰方面常见于中国古典建筑的须弥座、台基、柱以及室内的龙椅、屏风等处，为帝王所专用，同时也是王权的象征。时至今日，龙的形象已经不再唯统治者所专用。室内设计领域中的个案当中，为了突出空间的“高端”定位，也时常有龙的形象出现，只是这些形象中的一部分有了或多或少的改变。前面所说的“龙”的诸多特征被古时的工匠表现得淋漓尽致、栩栩如生，有蓄势待发的强烈动势，极为“写实”。现在设计中很多关于“龙首”的装饰经过设计者一系列的简化和抽象处理之后，我们已经很难发现上述有关于龙的诸多特点，其较为规整的几何形象几乎隐藏了具体所指，这便是比较有代表性的现代中式元素。

2. 功能拓展，由装饰到实用

(1)古法——为功能构件赋予装饰

在中国古典建筑中游历，我们会看见很多的装饰元素：柱础上的雕刻，门扇上的镶嵌，雀替上的彩绘……无不显现出古人的精湛技艺。

从中国古典建筑中传统的蝠纹、八仙、“屋脊六兽”中，我们也可以读出，古建筑中的装饰，往往饱含着设计者或是建筑的主人对生活的憧憬和向往。由大户人家的宅邸到统治阶级的宫殿，这种具有吉祥平安寓意的元素越发多见。

建筑室内外的装饰并不是必需要素，也就是说，人们最基本的要求是建筑的空间功能。当最基本的功能满足以后，才会上升到装饰的层面。这也是在古代“从物质上升到精神”的最好体现。

(2)新法——为装饰构件赋予功能

在现代室内设计当中，人们往往追求的是与众不同的空间内涵。传统中式风格已经不能迎合年轻人群的审美需求，因此，现代中式风格成了传统中式风格的最佳衍生品。中式风格的元素也有了不同的表现，即“为装饰构件赋予功能”。在中国古代，儒家思想以秩序方正之美渗进古代建筑之中，代表了儒家入世的形态观念；道家思想则是以圆和智慧之美融入古代建筑之中，代表了道家出世的形态观念。儒、道两家的思想在古时便被奉为经典，在建筑设计当中都有着或多或少的体现，以及在当今的现代中式风格中依旧如此。

3. 用进废退，由实用到装饰

中国古典装饰元素在现代室内设计中的演变同生物界的进化有着极为相似的特点。在生物界的演化过程之中，“用进废退”是最主要的进化特点之一，这一规律在室内外景观或环境的设计中依旧适用。从古至今，随着中国建筑的发展，一些实用的构件逐渐失去了最先的功用，其装饰性质的一面却逐渐浮现出来，在当今设计师“夸张”“强调”等表现手法的诠释之下，这种装饰的性质远远超出了其实用性，而越发地突出了其装饰性。

二、中国装饰元素在现代室内设计中的审美表达

近年来，中国的经济快速发展，不但让中国在世界上树立了大国形象，也向世人传播了中国悠久的历史文化，激起了一股追求民族文化复兴的潮流，引起更多的人关注灿烂神奇的中国文化。当然，在与人们的生产、生活密切相关的室内设计方面，中国装饰元素的创新应用更加肯定了自身的审美性，因此，本书正是从形式美、文化美以及现代时尚美等角度来全方位地分析中国装饰元素在室内设计中的审美表达。

（一）形式美

中国装饰元素是中国装饰文化的精华，具有鲜明的民族特色和深厚的文化内涵。如今，在室内设计领域，中国装饰元素之所以受到大多数人的喜爱和追捧，最根本的原因是其自身的形式美。中国装饰元素的形式美是室内设计作品审美享受的主要因素，给人的第一印象是明显的中国特色。

美是可感知的，可以用形式来表达的。人们审美活动第一次接触的是形式，它能唤起人们的审美意识和对内容的接受，美是不能离开形式的。人们的审美需求随着时代和生活方式的不同而发展变化，它们是可变的和相对的。形式美是有规律可循的，它具有普遍性和永恒性的特点。这两个概念完全不同，不能混淆。在现代室内设计中，中国装饰元素的创新和运用也遵循着形式美的基本规律。中国装饰元素具有很强的历史沉淀性，外在形式的创新主要体现在造型、色彩、材质等视觉符号上，结合内部文化的综合运用，充分体现了实用性与审美性的完美融合，给人以强烈的视觉冲击感，符合现代人追求个性时尚的生活方式。

（二）文化美

经过不同历史时期的洗礼和锤炼，中国装饰元素也可以在室内设计领域得到普及和广

泛应用。这其中的原因是什么呢？中国装饰元素不但形式美，更主要的是存在于深层次的民族文化之美。

中国历史文化博大精深，从传统中式到现代中式的发展，彰显了中国装饰元素的强大生命力。传统中式端庄典雅的装饰形式，彰显着传统魅力之美。中国向来是礼仪之邦，表达含蓄内敛。经过多年的发展，传统文化的魅力已经形成了中国人的价值观和审美共识。随着时代的发展，面对东西方文化融合和经济一体化的趋势，中国装饰文化借鉴西方设计理念的精髓在于丰富自身。在现代社会，最受人们喜爱的现代中国风格已经出现，它既继承了传统文化的精华，又创造了现代元素。它给人以朴素、纯净、大气、典雅的感觉，满足了现代与传统共存的审美观念。

在室内空间中，中国装饰元素的文化审美主要体现在中国人的精神层面，中国装饰文化能够源远流长的原因就在于儒佛道三家思想的影响，这也是中国装饰元素能够蕴含文化美的根源，它深深影响了中国人的人生观、价值观和世界观。儒家文化的基本思想是孝、悌、忠、信、礼、义、廉、耻，其核心是“仁”，指出了人本主义思想，人本主义肯定了人在世界中的主体地位，已经成为中国设计师遵守的设计理念，另外，中庸思想在室内装饰中也得到了体现。人们常说“儒家重礼乐，道家尊自然”，道家思想的核心内容是“自然”，在美的自然观上，尊崇“素”“朴”“淡”“拙”，在室内设计中主要表现出亲近自然、朴实无华，简约而富有底蕴的设计哲学；①佛教文化的核心思想是“禅”，禅不仅是一种哲学思想，也是一种返璞归真的生活之道，在室内设计中，“简素”“寂静”的禅宗理念深入人心，体现了一种质朴、宁静、不张扬的个性品质。由此可见，只有深刻认识和理解这三种文化思想，室内设计中的装饰元素才能释放蕴含其中的文化之美。

（三）现代时尚美

对于生活在现代城市的人们来说，追求生活质量、满足精神需求已经成为时尚生活的主题。室内设计中的装饰元素，不仅是现代人视觉的享受和心灵的滋润，更是为忙碌的生活注入新的生机和活力。室内装饰设计体现了主人的风格和品位。

时尚已成为现代人生活中不可或缺的元素。追求自然美、个性美、和谐美不仅是现代人生活的目标，也是现代室内设计的发展趋势。在室内设计中，为了满足现代人的审美需求，突破传统的桎梏，中国装饰元素通过对传统文化的理解和提炼，将传统与现代结合起来，借助现代人创造出富有传统情趣的中式空间，使传统艺术在现代社会以新的方式出现。如新中式风格的出现是中国室内设计中迎合大众审美的装饰元素的产物。新中式建筑应在细节上进行恰当的渲染，将具有强烈现代生活风格特征的事物与传统中式的高雅意境相结合，使

① 李宗桂. 中国文化导论[M]. 广州：广东人民出版社，2003.

空间散发出淡然而疏远的人文意蕴。在配饰上，各种装饰元素的搭配，体现了前卫先锋的视觉语言，是天然环保的饰品，符合健康的生活潮流。新中式风格，加上乡村和现代的简约，更适合现代人在空间感和装饰感上的审美趣味。

大众的审美标准不是一成不变的，它随着时间的流逝和生活的需求而不断变化着，新中式的产生可以说是对传统的一种挑战。为了更好地满足人们对物质和精神方面的需求，中国装饰元素在室内设计中的创新运用还有待开发，只有认识到了这一点，才能使中国装饰元素迎合现代审美而和谐发展。

三、中国传统装饰元素在现代室内设计应用中存在的问题

（一）室内设计中传统装饰元素“标签化”

中国传统装饰元素包含着中华民族几千年来的文化积淀，其内容丰富，艺术形式多样，题材种类繁多，是依附于中华文化而产生的一种艺术表现形式。随着人们对审美观和价值观的需求，对生活空间的品质也越来越关注，人们不仅仅满足于生活的艺术化，而是追求艺术化的生活。传统装饰元素作为一种精神和文化的象征，它承载着人们对具有生命力的室内空间的新期望，在满足人们对室内功能需求的基础上，传统装饰元素的应用被赋予的意蕴将更加丰富。作为视觉元素与符号，传统装饰元素在室内设计中的应用还是比较广泛的，在我们生活空间的每一处，我们都可以看到传统装饰元素的影子，大到建筑构件上的装饰元素，小到家居空间中的一个小装饰。设计最终要为人服务，为现实需求服务，中国传统装饰元素的运用也应符合时代发展的趋势和要求，如果将室内设计中某一个建筑构件或者某一处用传统装饰元素来直接代替，或者不考虑设计风格和地域性文化就将传统元素拼贴在室内，结合不好的话就容易符号化、表面化，也就是这里要说的传统装饰元素的“标签化”。主要的体现就是在一些室内设计中，将中国传统装饰元素孤立且表面化的理解和处理，将其归纳为简单的“传统图案”或者“传统纹样”的运用，认为只有这样才是中华文化内涵和本土化的体现，以为这样就可以彰显东方神韵。其实这样的运用方式在现实中存在很多，用了“中国传统装饰元素”，在表面上一看似乎很有文化气息，很民族化、很本土化，甚至说具有“中国味”，但是“中国味”的范围之大并不是一两个元素符号就可以诠释得了的，这样的空间展示出来，感觉有点牵强。在诸类的传统装饰元素的运用上，民族文化被某种简单而表面的传统装饰图案或者传统工艺品所替代，展现出来的是没有审美功能和实质价值的。再者就是将传统装饰元素简单堆砌，具体体现就是在设计的过程中刻意地将其运用到室内设计中，来显示设计中所谓“中国风”或者空间的独创性，将传统装饰元素生搬硬套的简单堆砌，使我们看到的首先是视觉上奇怪的装饰图案。在实际中也有不注重元素与母体建筑的和谐融汇或者地域性文化，设计出来的东西反而显得本末倒置，毫无生命力可言。我们不仅要问：这些传

统装饰元素与室内设计有什么关联和契合之处吗？怎样才能使传统装饰元素不“标签化”？如果在室内设计中仅仅停留在传统装饰元素肤浅的运用层面，这样给人的感觉首先是毫无生机和内涵的。民族文化孕育传统装饰元素，传统装饰元素体现民族文化，传统装饰元素的运用是通过元素体现一种内在的精髓，让这种内核在设计中的自然流露，并不是在设计中生硬地套用传统装饰元素，造成元素“标签化”。“标签化”的中国传统装饰元素是不能完全体现出中华民族几千年来积淀的文化底蕴的，所以也未必能体现出室内设计中真正的“灵魂”。

在现代的室内设计中，设计者们都在尝试用中国传统装饰元素来对空间进行整合和设计，但也在一定程度上反映了对传统装饰元素运用的“标签化”，在这样的形势下，我们不能排除西方时尚设计的“侵蚀”，似乎在追求时尚的今天，将元素西化才算是一种时尚，才算是世界的。我们并不排斥西方先进的设计理念和方法，但在设计趋于本土化的今天，还是要根植于本民族的土壤，不要将传统装饰元素简单化地抄袭或堆砌，要从民族传统艺术中吸取养分，在发展中创新，不断探索，中西文化元素合璧，努力寻找中西文化元素的最佳契合点，并且结合新材料、新工艺、新技术，才能和时代同步，将传统装饰元素推向世界。在人文设计理念流行的今天，中国传统装饰元素在现代室内设计中的运用要融古汇今，将其与现代审美观和设计理念相融合，将民族的精髓注入，造就空间文化气息，培养人文精神，注重创新，让传统装饰元素与现代创新相交融，赋予中国传统装饰元素新的释义。

（二）中国传统装饰元素在室内设计运用中文化的迷失

中国传统装饰元素作为一种独特的东方艺术形式，是具“神”“形”“美”的化身，深深地凝聚着民族文化的力量，它以特殊的艺术语言散发着独特魅力。在现代室内设计中，除了满足现代人们的功能需求和审美需求，还必须重视对民族文化、地域文化、审美情趣等文化元素的融合。近年来，在我国的一些室内设计中不难发现其实很多设计都在用中国传统装饰元素极力地体现中华文化，但在具体的应用和体现过程中不乏出现很多滥用文化元素所导致的“画蛇添足”现象，从而在传统装饰元素应用的过程中导致文化的迷失。传统装饰元素在室内设计中既具体又抽象，怎样利用它在室内营造一种文化氛围也是我们一直在探索的主题。在具体的实践过程中，我们要根据特定的文化背景，理性地力求达到艺术和功能相结合，避免华而不实，继而让传统文化在室内空间中融合。比如在某一西餐厅的室内设计中，单从设计元素的运用上来看，一般首先考虑的是西方文化元素，用西方文化极力地去体现异国格调，而且西餐厅的设计风格也会与其所体现的民族习俗相一致，虽然其营造方法多样，但最终目的是设计出具有“洋味”的室内空间氛围。但在设计过程中会有这样的一种情况，为了迎合国人的中式口味，会在设计过程中加入一些中国传统装饰元素，如直接放置传统云纹隔挡或者摆置一些瓷器、水墨画等传统装饰元素来营造文化气息，结果反倒让这些元素在室内空间中显得有点牵强附会，和周围的环境格格不入了，因此这样的空间营造出来的传统文化就会迷失在“洋味”里。所以，在室内设计的传统装饰元素运用上，既要符合设计的空间文化背景，也要体现地域性特征，要重视室内文化元素与建筑母体的和谐，寻找室内空间简练的文化表达元素。如果设计作品在表现的内容上、形式上，或者质感、色调等方面与建筑功能、空间不和谐，则会导致室内功能与文化元素产生冲突，进而也会将室内空间中应有的文化氛围削弱。文化的延续是人类社会最具价值的东西，作为设计者在设计时应充分考虑传统文化的传承和发展，不让文化迷失，要立足本土，在不断的创新中设计出具有较高的文化底蕴和艺术水准的室内作品。目前在国内所流行的“轻装修，重装饰”的设计思想，就是人们日益重视室内设计中文化元素的重要作用的见证。与此同时，要把握时代文化的脉搏，汲取传统文化精髓，并结合现代设计理念，用独具特色的传统装饰语言来表达室内流动着的文化气息和东方神韵。

四、中国传统装饰元素与现代室内设计的关系

中国传统装饰元素对现代室内设计的影响包括隐性和显性的影响。意境和文化内涵属于前者，表现手法和形式语言属于后者。简约之美、朴素之美、内容之美、功能之美、艺术感之美、实用性之美得到了充分的结合，而对于形式之美、功能之美的对立，实际上与较为流行的现代简约主义风格思想是一致的。因此，简约风格在现代室内设计中不断发展和进步。现代室内设计是社会文化的有机组成部分，无论什么样的设计风格，都有着特定的精神和文化。设计作品需要在一定的文化背景下发展和完成，设计内容体现了不同的价值观和审美观念，体现了时代的文化特征。由于受传统文化的影响，设计师不能放弃中国传统的装饰元素来达到原创设计的目的。

作为我国传统装饰元素，如传统图案、书画、古建筑构件、传统家具陈设等，许多现代室内设计师都喜欢在设计中运用这些传统装饰元素，因为中国传统装饰元素具有真实自然、质朴自然和回归自然的特点，体现出质朴的审美情趣和美的品质。在新中式和中国古典风格的设计中，我们离不开运用传统的装饰元素来营造具有中国韵味的空间。中国传统文化是一座巨大的宝库，有许多潜在的设计元素，应该作为中华民族的文化传统来继承。

（一）传统纹样在现代室内设计中的分析

1. 传统纹样的审美特征分析

（1）具有形象感

在现代室内纹样设计中，观赏者可以直接感受到中国传统纹样，而传统纹样则生动地反映了当时人们的思想感情。世界上一切事物都是具有两面性的，设计师需要结合客观因素和主观因素来创作感人的作品。传统纹样的艺术形象是感性的、具体的，在表现力上充分反映了工人和艺术家的情感因素。将主观因素融入客观事物中，传达出形式与内容统一的传统图案艺术形象，形象与任何艺术内容都是分不开的，与形式也是分不开的，它们是统一的、

相互依存的。形象图案的形成是由设计师的审美观所引起的，并最终形成具体的装饰效果。中国传统纹样的艺术形象是共性与个性的统一，古人将现实生活中的人和事结合起来，选择了更有趣的生活主题，创造了耐人寻味的平面设计，中国传统装饰图案具有普遍性和独特性的特点。例如，中国传统的凤凰图案是原始人在严酷的自然环境下生存，对自然界充满幻想，促生出来的一个重要形象。鸟图腾崇拜多和太阳崇拜相联系，太阳鸟的外形来源于古老的观念，即用动物来表现季节，寓意着人们对生命延续的渴望，然后就出现了用凤凰来代表吉祥之鸟这样的寓意。

(2)具有纯真性

中国传统纹样的丰富多彩是劳动人们想象的结果，人的内心情感是创作图案的重要来源，然而民间的装饰纹样图形，特别是创作的激情来自生活，传统图案的形成经过了漫长的积累，有很强大的生命力及文化精髓。中国传统图案是现代人对生活的一种表达和述说，用最淳朴的思想及艺术语言来表述。传统图案的文化内涵、艺术特征、表达方式都透露着人的真实情感，情感是图案创作的灵魂。中国传统装饰元素的出现，并不是为了装饰去创作图案，而是人们内心的情感表达。例如，人们常认为喜鹊是喜的象征，喜鹊是吉祥鸟，是好运的到来，是幸福、吉祥；同时古人喜爱冬天的梅花，谐音“眉”，作画时，梅花上面加一只喜鹊，寓意是“喜上眉梢”，由此吉祥图案便形成了。

(3)具有审美性

人的审美观是在社会实践中逐渐形成的，美是人们社会实践的结果，是人们乐观向上的表现，是好的事物在人们内心中所激起的快乐情感。不同文化、不同地点、不同时段的社会集体，具有不一样的审美。传统纹样是人们的审美艺术的表现，传统装饰图案艺术是劳动人民智慧的结晶，给人们一种精神上的愉悦。

传统装饰纹样的内容一般取材于人们自身的俭朴生活内容，所以题材接近自然，创作思路不受限制，但各地域的剪纸艺术，个性明显，多充满了乡村味。中国传统纹样的审美观，可以在民间装饰图案中找到答案，题材以动物、人物为主，创作出和谐、感人、美丽的图案，其极具审美性。

(4)具有符号化

中国传统装饰纹样是现代室内空间创作的力量源泉，是一种符号。在顺应时代发展和深入领悟传统艺术精神的前提下，使中国传统图案在现代室内设计中延伸出新的审美意义，让“中国风”真正融入现代室内设计中。传统纹样不但起到装饰作用，而且在某些造型上和神态上能够起到“画龙点睛”的作用，给人以美感。

2.传统纹样的装饰原则分析

传统纹样的装饰原则和形式，对现代的室内设计有着重要的作用。传统纹样的装饰在室内装饰设计中要符合现代人的社会生活习惯与审美，装饰形式丰富多样。其中图案原则尤为关键，不能完全照搬，应借鉴其中有价值的且有吉祥寓意的内容，因此，传统装饰纹样的装饰原则应具有一定的趣味性。

(1)指示性的原则分析

传统纹样在现代室内设计中的指示性，是指纹样设计首先必须是一目了然的。

在现代室内设计中，最具指标性的标志图案或文字通过功能区表示。常见的“安全退出”等，告诉人们该区域的指导作用。此外，一些标志性的装饰品，如窗帘和一些家具的选用、运用，表现着室内空间主人的个性。

(2)图形性的原则分析

脸谱对人物特点的夸张和艺术刻画的形成具有强烈的艺术感。现代室内设计中符号的应用是比较普遍的。这种符号体现设计风格组合成的设计纹样，被抽象化或直接的应用到设计中，将图形性传统元素的文化特质赋予到现代室内设计中，告诉人们这个室内空间环境的文化氛围和价值。

(3)象征性的原则分析

象征性符号具有两层意思，一是通过联想、想象，将纹样与周围相近的东西联系起来，具有一定的内涵；二是指符号的产生是经过人们对于这种符号元素所具有的特殊性或特定性的认同。例如，祥云本身是抽象化的设计思维外在化的呈现，在设计中却有被赋予了特殊的文化风俗意义。又如，《梁山伯与祝英台》的室内舞台戏剧情境中，在花团锦簇的舞台上，梁祝在花丛中相拥化蝶，蝴蝶结伴飞向天空。这里蝴蝶是爱情的象征，运用到室内空间设计中被符号化。中国传统造型图案中很多题材间接或直接地来自经常看到的植物、动物、生活用具等，一些具象的东西，在图案造型方面却不受具体形象的制约，基本上可以从视觉上得到体现，即表达出抽象形式的艺术美。

(二)传统书画、工艺品、装饰织物在现代室内装饰中的分析

1. 传统书画在现代室内装饰设计中的分析

(1)传统书画艺术在现代室内装饰中的形体美

传统书画艺术历史悠久、博大精深，书画者在展示书画线条时会给人不同的美感，反映出线条用笔的顿挫、力度，笔墨间的干湿、浓淡等状态。书画结构排列上的整齐均衡、密不通风、疏可走马，是为了让人们的思想产生共鸣。在现代室内设计中，空间布局尤为重要，形成服务功能，所以，室内空间区域划分中，形态的分割美是关键。

(2)传统书画艺术在现代室内装饰中的气势美

一幅耐看的书画当中的章法布局，不论是“镂金错彩”的人工美，还是“出水芙蓉”的自然美，都具有艺术的整体气势感。行与行间、字与字间、点与点间顾盼呼应，现代室内设计讲究空间的气势美。

(3)传统书画艺术在现代室内装饰中的意境美

意境是书画独有的魅力,不论是艺术的优美物景、室内设计作品中创作出的新思想、舞蹈艺术中的婀娜多姿的体态,还是文学艺术笔下动人的故事情节,或是书法创作者挥舞笔尖抒发情感,都是美的一种体现。其实不难发现,现代室内装饰画或年画的意境美,是与室内设计形式美相融合的。在现代室内设计中,无论是酒店室内的大堂背景装饰,还是其他公共空间设计,都可以借鉴传统书画艺术的表现形式。

中国人自古就学会了用艺术把自己的房子进行装修装饰,使得艺术形成在精神上的享受和陶冶,纵观古今,每个时期和朝代的审美价值都不相同,室内设计中包含各具特点的装饰风格元素,但是书画始终是室内设计装饰不可或缺的元素之一。历史上关于这方面有详细的记述,其中,中国的园林建筑艺术,追根究底,也是以借鉴中国书画中的章法去设计布局的。传统的书画装裱技术效果好,公共场所的中式餐厅、会议厅、园林景点建筑的室内装饰布置等,都可以运用传统的装裱方法装裱书画,另一些场所,如宾馆、居室适合使用现代的装饰装裱方法装裱书画。由于传统的书画艺术装裱不适宜很长时间打扫和保持,所以,需要改变传统的装饰方法,将需要装裱的书画托裱后改为塑胶模或玻璃镜框,这样可以使室内空间的装饰布置更美观,更容易保护和打扫。除此之外,现代室内装饰空间中,对书画本身的内容题材及表达方式、色调等都必须仔细思考,人的年龄、性别、文化背景、生活环境的不同,审美价值观也有所差异。儿童喜欢生动活泼的动物及有趣味的画面场景;对于中年人来讲,一般则选用明亮的花鸟画等;老年人则可以选择寓意健康长寿的梅竹、松鹤及意境深远的山水画等题材内容。一副书画名作,要想使它美观和便于室内悬挂和收藏,是离不开装裱的,有人说“三分画七分裱”。由于中国的书画艺术都勾勒在宣纸或绢类物品上,较易损坏,所以需要装裱。装裱又叫裱背、装池,是我国独有的一种技术方法,便于保护、美化书画艺术和碑帖,很像西方的油画,画好后必须进行画框装裱,使作品能够达到最好的艺术感,通过装裱的书画更美观、牢固,可挂于室内供欣赏。

所以,设计师在现代室内进行设计装饰时,要选择最为恰当的书画艺术作品进行装饰,只有这样才能带给人美的感受。

2.工艺品在现代室内设计中的应用价值分析

工艺品内容十分丰富,有景泰蓝陶瓷、玉石、木雕石雕等,在现代室内设计中的装饰作用尤为重要。在现代室内设计中陶瓷的运用、玉石的摆放高度、木雕的摆放位置无不影响着观赏者的心情,做到恰到好处的应用就能实现工艺品的价值。

(1)人文价值

工艺品用来装饰室内空间、美化室内环境的同时,对人自身的情操也潜移默化地进行着陶冶,体现出了人文价值的含义。从空间环境来看,现代人崇尚对美的追求、更重视生活的质量。例如，被人们称之为纯自然艺术的陶瓷，如今在多种场合中出现。随着工艺品的发展，人们对现实生命的理解随着黏土塑形的过程将心灵物化，创作出体现自我价值的作品。透过设计让观赏者也能体会到创作者当时的心境，如陶瓷艺术能表达创作者内心的情感。黏土在手指间任意摆弄一下，就创作出了心中的灵感形象。在创作上融入了对室内环境的态度，外部造型也摆脱了功能等的羁绊，将黏土随性摆弄，进行艺术创作。

情感是人的意向和意志活动中较活泼的部分，是人对客观事物是否满足自己的需要而产生了客观事物与个体需要之间的关系，陶瓷的制作过程是创作者自我诠释的过程。

(2)审美价值

审美理论体系和现代艺术的生态环境文化的现实情况密切相关，艺术家的灵感来自非常开放的空间想象力及智慧。工艺品的结构框架不同于散文诗歌，现在陶瓷的造型主要体现的是创作者的精神意志和技能、激情等，思想的自由也是许多艺术家产生灵感的来源。

陶瓷从产生直到今天，工艺品种类繁多，在我们的生活中不断变化、进步，说明其本身具有很强的优越性，传统陶瓷材料有塑造性，不仅性能好，而且成本低。陶瓷材料有其优越的条件，主要是在作品的保养与维护方面等。

3. 装饰织物在现代室内设计中的审美分析

布艺在室内设计中占据非常重要的地位。布艺材料品种繁多，主要包括各式布料、丝绸材料等，还有通过拼贴、折叠的方法坚持传统工艺的布艺技术。不管是富有现代时尚的设计，还是纯粹意义上的具有中国气质的室内设计，配置一件布艺陈设品是必要的。紫色或金色在布艺上的装饰都带给人们大气雅致的感觉；如果主人喜欢淡雅宁静的环境，可以用灰色或田园风格搭配；如若想带给人们清新的空气和愉悦的心情之感，即可选用含有中国诗意的装饰纹样。

现代室内设计中传统布艺运用非常的广泛，常可见于小工艺装饰品、壁饰等。如布贴画，有的沉稳质朴，给予我们安静和谐的平稳心境；有的颜色鲜艳，整幅画面充满喜庆的感觉，这些常用花鸟、鱼、传统人物等不同题材做装饰纹样。

(三)传统建筑构件在现代室内空间中的分析

从对现代室内装饰艺术的视觉元素系统和传统建筑构件装饰元素的应用法则的分析可以看出，传统建筑构件元素既有着内涵认知和形象上的差别，又有着视觉元素的共性。这种情况的出现是因为它与现代室内装饰艺术都源于不同的历史背景和文化环境，不能直接用到现代室内建筑空间之中。

1. 实用性与工艺装饰的结合

随着社会生活水平的提高，为了满足人们的视觉需求，室内装饰构件是必不可少的，而传统建筑构件在现代室内设计中实现了艺术与功能协调的原则。设计师对装饰构件的欣赏和使用，来自其深厚的文化底蕴所产生的舒适和愉悦，从而达到精神上的满足。其功能适用性是指组件本身的基本使用要求，只有将室内空间的装饰性和实用性紧密结合起来，传统的建筑构件才能在现代室内环境设计中焕发出激情。

2. 和谐统一

在当今社会，对室内装饰环境的要求以及与古人的传统审美观念有很大差异，对于中国传统元素我们应该本着继承和发扬的态度。传统建筑构件的应用要与当前室内环境相适宜、审美标准相吻合、生活方式相融洽，达到协调统一。

首先它应该与空间界面的颜色协调一致。作为空间格局的重要组成部分，内部构件的位置是显而易见的。如果空间颜色和组分颜色之间的差异过大，这些场景会越来越吸引人们的注意。因此，色彩不能用来鉴别其艺术价值、作用和意义，也不能与空间有太大的区别。此外，还应与室内设计风格相一致。例如，传统构件在中国现代室内空间中的应用更为合适。如果应用到西方古典室内空间设计中，会让人觉得格格不入。因此，二者之间存在一定的相关性。

3. 具有内涵性

形神兼备，具有内涵性，只有将形、神二者协调统一起来，才能达到好的设计装饰效果。现代室内设计中，把古老而传统的艺术设计表达方式和文化内涵完美结合，形成新的设计理念并创造出独具一格的艺术形式，就一定要深刻体会“形”“意”，做到形神兼备，设计出具有民俗和地域特色的作品，并将其传承发展。

（四）传统家具在现代室内空间中的分析

1. 传统家具各个部位装饰纹样的分析

我国古代家具雕刻装饰图案丰富多彩，历代雕刻图案包括人物、花卉虫鱼、飞鸟走兽、山川河流等。装饰纹样包括人物传说、缠枝花草、祥云龙凤等，一般出现在陶瓷、织绣、铜器等上面。明清式家具雕刻装饰图案题材一般包括动物图案和植物图案，明清家具中的装饰图案多运用含吉祥寓意的主题，如万字、云头、如意等。雕刻装饰图案在家具中起到点缀美化及装饰作用，其雕刻装饰手法精于取舍，主要是在家具的腿足、椅背、牙子（包括牙板、圈口、角牙、站牙、挂牙及挡板）等上面。

（1）家具腿、足部的装饰雕刻纹样分析

明、清式家具的腿、足部的设计十分特别，装饰雕刻图案在家具腿型的上、中、下部位，形式优美，造型有扁方、椭圆、圆、方等。有在腿足的脚头部位饰以装饰图案，有在腿足的中间部位饰以装饰图案，腿足的上部、牙板等的交接处饰纹样。足部雕刻可分为马蹄式腿足雕刻装饰图案、卷珠式腿足雕刻图案、直足式腿足雕刻图案等。其中马蹄式腿足是明式家具最富时代精神和民族风格的代表。雕刻装饰的图案题材一般是如意头、卷珠、卷云、卷草、搭叶等，这些雕刻装饰图案极具美感、装饰别具一格。

(2)椅子靠背的装饰雕刻纹样分析

古时候，椅子是人们身份、地位的象征，所以椅子上有装饰图案是理所当然的。尤其是明清式家具，如椅子的靠背装饰雕刻复杂，有时候还采用独板木质的自然纹理，对人们有很强的吸引力，具有观赏性。如雕刻装饰面积不大，以小、精、重点位置为目标进行图形纹样装饰的靠背，较好地突出装饰主题、审美趣味，追求靠背结实通透的效果；雕刻装饰面积较大，以丰富繁杂的图案为目标进行装饰的靠背，追求装饰图案形式感，体现装饰的华丽。

因此，现代设计师想要从明清家具中的装饰雕刻图案汲取精华，首先要以当下的社会需求为依据，以传统为基础，与现代人的审美价值观相结合，对传统雕刻图案进行分解、组合。借鉴中国传统家具装饰图案的寓意和象征，通过高度提炼来创作先进的更有意义的装饰图形纹样，为现代人的需求服务。

点是造型元素中最小的单位，传统家具的各个部分成为现代室内设计的视觉亮点。造型包括集中装饰盒的铜花纹装饰，虽然家具的组成部分并不仅仅是这些点，但只要专注于我们的视觉，就很容易找到它们。同时，这些点也产生节奏感和强调轮廓作用，起到外部装饰的作用。美是因为“点”的存在而被突显出来的。灵活运用家具上的点，打破家具原有的沉闷压抑感，是室内设计师的责任。运用大、小装饰件的散乱排列以及纵横排列，将对物体产生视觉冲击和深刻的层次感，使室内空间焕然一新，打破了物体的静态感觉。传统家具上的金属部件和装饰图案也能起到积极的氛围作用。

实中有虚、直中有曲的线条运用是中国传统家具造型中的重要特点，将流畅和有力的线条运用到家具中，不仅可以体现中国传统家具的动感美，同时还体现中国传统家具的质朴和简洁。古人在很久以前就注重人体工程学的研究，在传承下来的家具中可以体现出来，如唐朝圈椅的靠背、扶手等造型成 S 曲线；明代圈椅端庄方正，扶手的曲线与其他构件的直线形成鲜明的对比，整体构图灵活，雕刻的装饰细腻有致，极具活泼感，是一把上乘的椅子。中国传统家具还灵活地把握“线”的搭配，用并列、链接、延伸等装饰方式，给人以视觉上的变化。

现代室内设计师在对中国传统家具的借鉴与运用时，要保持创新的精神，应该重视中国传统家具中“线”的概念，把握“线”在现代室内家具中的运用方法和规律。同时中国传统家具在形式上、构造上都有精华，要积极运用，创作出灵活多变富有中国传统文化的家具，营造出舒适优雅的室内空间。

中国传统家具的面是针对家具外观的整体视觉来看的，中国传统家具构件转折连接的地方表现为面和面之间完美相接。中国传统家具是现代室内空间中不可缺少的一个重要部分，一个好的室内空间应该是环境协调统一，即家具与室内融为一体。中国家具艺术同时也是中国文化的重要组成部分，在其漫长的历史过程中，创造出了灿烂辉煌的文化。

2.传统家具在室内的布局形式分析

在我国传统室内设计中，厅堂的位置很关键，它是一户人家的脸面。中堂条案可分为敲头案、平头案和架几案，对厅堂的规格和品位起到画龙点睛的作用。通常中堂家具布置按照中轴线划分，正中靠墙是条案、几案，前面摆放八仙桌并两把椅子，左右再放几对座椅和一张茶几。正中墙壁中间一般是中堂，左右各有对联一条。典型的中堂家具摆放格局，入口正对板壁或屏风，起到挡风辟邪和加强厅堂私密性的活动墙作用，在普通人家较少见。板壁前放长条案，条案前是一张四仙或八仙方桌，左右两边配扶手椅或太师椅，墙正中可挂中堂字画等。

在现代，明式家具留下了很多宝贵的家具样式，给现代室内设计师设计现代家具提供了很好的借鉴。明式家具简洁明快、造型优美大方，给人干净利落之感。在明式家具中，家具作品局部的比例造型以及整体布局形式，都经过了当时设计师的研究。

清式家具具有繁多的品种，与造型圆曲有度和生动多样的明式家具有一定差异。明式家具特点是有烦琐细腻的局部装饰，而清式家具稳重大气，整体宽大、厚实，所以局部尺寸也不小。另外，清式家具的艺术感很强，融古今之优点、中西之特长。因而，清式家具中有许多国外文化的融合元素。清代初期，外国的产品传入我国，一个最主要的原因就是西方传教士的到来，慢慢地中国人就对外来技术和文化产生了兴趣，这对我国的家具、服饰、建筑文化等都有影响。清式家具运用中国传统的家具造型和结构，也运用了不少国外的家具装饰样式，在生活中能见到的家具中也有国外的一些雕饰图案。① 明清两代是中国传统家具的黄金时期，明清家具本身的品质具有独特的审美价值，使用非常先进的技术，使家具实现科学与艺术的完美结合，所以在世界家具史上闻名。明式家具的材料大部分用比较硬的木材，刻有美丽生动的花纹，在明式家具上涂少量的清漆及光蜡，可以保持自然清新的木材原貌。我国在家具材料的运用上比较重视，保持沉穆静雅的色彩，坚实之密的材料是首选。春秋战国时期的《考工记》里是这样记载的："天有时、地有气、材有美、工有巧，合此四者然后可以为良。"含义是天气受季节的限制，土地受气候的限制，材料有好有坏，工匠有巧有拙，把这四者结合起来才是最好的。

明式家具的装饰表现在多方面，有的雕塑装饰，精巧细致；也有的雕塑装饰，朴素大方。因此，可以用"浓妆淡抹总相宜"来表达描述比较符合实际。明式家具的制作工匠们随着时间的推移和自己的实际探索，把传统的工艺装饰水平发展到了一个最高点，明式家具不仅简洁典雅而且造型优美，明式家具有各式各样的装饰工艺。装饰题材和装饰手法对于家具构件来说是具有丰富的视觉美感和丰富的视觉表现力的，现代室内设计师十分有必要向古人学习和继承中国优秀的传统文化。雕刻艺术是明式家具的装饰手法，题材对于明式家具来

① 张楠. 明式家具的"精、气、神"与现代中式家具设计[D]. 苏州大学，2007.

说，也是比较丰富的，其中包括人物故事、飞禽走兽、宗教图案、楼台山水、灵芝卷草等题材，多姿多彩、淋漓尽致地表现出中国传统神话传说、民间故事、历史故事、人物戏剧等。一些传统题材不仅赋予了这一时期的家具以趣味性，同时还增加了深刻的文化内容。所以，明式家具对于继承和发扬中国传统文化元素的作用是不可估量的。我们在进行家具设计的时候，也要把中国传统装饰图案当作必要的设计元素运用到现代室内设计中，这样才能更好地体现出我国传统文化的魅力。清式家具有精细的做工、广泛的题材，其擅用的材料质密和材料纹样细腻、颜色较深，一直延续到清代中期。在木材的选择上清式家具采用无节无疤、有着均匀的色泽的木材，为了达到颜色统一，就只用一块材料来做，可以达到有细密的纹理及家具的耐用结实的效果。清式家具在内容上包括嵌石、嵌竹、百宝嵌等，将稳重、豪华、威严、富丽等风格呈现在了人们面前，对卧室、客厅、书房等根据不同需要进行不同的家具风格设计。清式家具的特点是雕琢繁复华丽、形态厚重高大、气势雄伟恢宏等，极具特色，与宋代至明代家具装饰设计以来的清秀、简洁、朴素的实用特点截然不同。

在现代室内空间设计的发展中一味地追求全球化，在设计思想上不假思索地引用借鉴，就会对本国的设计不利。众所周知，技术是无国界的，是可以在全世界进行交流、借鉴学习的，但设计思想还是存在着一些差异，因为它带有明显的民族性、地域性，失去这些，室内设计无疑就是无源之水、无本之木。因此，在对现代室内进行装饰时不能把文化用时空的界限将现代与传统相对立，而应该使两者共生、互补、交融，进行不断地再创新过程。传统家具的这一人文思想对现代室内空间设计也具有切实可行的指导意义。中国人注重精神气质，在现代室内装饰中明清家具及其设计语言运用如果脱离文化背景，往往是苍白无力的，所以，在实际应用时应做到每个细节都值得欣赏和推敲。

第二节　中国传统装饰元素在现代室内设计中的应用

一、中国装饰元素在室内设计中的形态分析

在室内设计中，中国装饰元素作为一种形态装饰语言，不仅给人视觉上的享受，还在舒适的空间中让人体验纯正浓郁的中国文化艺术氛围。那么，中国装饰元素具有哪些客观的存在形态呢？根据分析，本书认为中国装饰元素主要有色彩、图案、材质、精神文化内涵几种形态，下面将从这几点形态出发进行详细的介绍。

（一）色彩分析

“五色说”是中国装饰色彩美学理论的哲学基础，所谓五色，即是青、红、黄、白、黑五种颜色。五色说最早见于《礼记·礼运》，与五行说是相互联系、相互贯通的。古人把中国装饰色

彩分为正色和间色两种，正色即五色，是单一的颜色，间色是两种以上的颜色混合成的杂色。根据五行说的哲学范畴，在中国人的心理上达成了一个共识，正色和间色之间有了高低和贵贱的象征意义，因此，中国传统文化中又有令人尊崇的“五行正色”之说，以五色为主的装饰色彩应用于人们的衣食住行各个方面，在现代中式室内装饰中也不例外，它让现代人深深体会到东方装饰色彩的传奇韵味。

1. 青色

青色是中国特有的一种自然色彩，在五行学说中，与东方、春天和木相互对应，有坚强、希望、庄重、宁静、吉祥的象征含义，在中国社会中自古就有“尚青”的观念，传达出中国深刻的色彩文化内涵。青色是带有生命力的颜色，在儒家经典《尔雅》中对青色的解释是：“春为青阳，谓万物生也。”说明青色代表春天，代表万物生长。从现代人的心理角度来说，室内空间中适当有一些带有青色的环境，可以起到平和心态、放松情绪的作用。

提到现代室内设计中使用青色设计，不但可以作为整个室内的主色调，也可以作为点缀色来搭配。在这里不得不提一下世人熟知的青花瓷，它是室内装饰陈设小品中对青色运用最典型的代表，也是世界独有的中国化符号语言，因此青色又被称为“青花蓝”，可以这么说，青花瓷是中国青色在现代社会最好的载体。

2. 红色

自古至今，红色在中国人的心目中深受青睐，与五行中的火相呼应，红色与中国人之间的特殊情感是无法被取代的。在中国人的观念里，红色可谓是中国的“国色”，因此又被称为“中国红”。中国红是喜庆、吉祥、热情、美丽、健康的象征。红也称为“赤”，中国老百姓被叫作赤子，在世界各个角落的海外华人和华侨被称为海外赤子。

中国红具有鲜明的民族性和文化性，是装饰元素中不可缺少的一部分，中国人用自己心中的红向世界传达着和谐、快乐的情感，展现了中国特色的民族文化精神。比如中国结，红色的中国结在喜庆节日的时候经常可以看得到，它不但可以用作室内装饰的陈设小品，也可以随身携带，寓意“吉祥如意”。在现代室内设计中，中国红的运用成为中式装饰的主角，具有强烈的视觉冲击力，可以给人温暖、鼓舞的力量，释放心中的郁闷，例如，中国结、红木家具、红色沙发等，配以五彩缤纷的布艺，可以营造和谐优雅的气氛，调整低落的情绪，还可以为空间增加一些生机和活力。在中式风格的现代室内设计中，红色永远是室内空间的主旋律。

3. 黄色

在五行学说中，黄色被誉为是一种尊贵的颜色，与“土”相对应，象征着权力、高贵、神圣和智慧，黄色被历代帝王所使用，也被称为“帝王之色”。华夏文明的发源地“黄土高原”、中国的母亲河“黄河”、中国大地“黄土地”，以及中国人的黄肤色等，所有这些都充分证明黄色与中国历史文化有着千丝万缕的联系。在中国的装饰文化中，黄色也有吉祥、珍贵的寓意，琉璃黄是老北京特有的城市色彩，代表着北京独特的自然景观及人文与历史的精彩和辉煌。

4. 白色

白色是一个中立的颜色，在光谱中通常被认为是“无色”。在五行学说中，与“金”对应，有高雅、纯洁、光明的象征意义。在汉文化中，白色是不吉利的颜色，总是与死亡、凶兆相关联，有送终和悲伤的意思。在设计界，白色是“简约”的代名词，中国艺术留白可谓是创作的经典。另外，在我国一些地区，白色在人们心目中占据着神圣的地位，如蒙古族人认为白色是万物之母，象征他们心地纯朴、洁白无瑕，蒙古包被誉为“白色吉祥”。

白色在现代室内设计中的运用主要是通过光线和材质来体现的，光线的明暗使白色空间更有立体感，新中式主打的简约白色调成为现代年轻家居的新宠，在中式家居中穿插一些现代感觉的造型，增加了空间的整体感和协调感，给人一种崭新的生活享受。

5. 黑色

黑色是道家极为推崇的一种颜色，也是最尊贵的。黑色对应五行中的水，象征高贵、神圣、稳定，黑色是天色，是一种理想化的色彩，与光明和白色相对应。由于天之色为黑，所以道家把黑色看作是众色彩之首。道家对黑色审美文化的影响，直接奠定了中国色彩美学的基础，形成了具有中国特色的黑色文化。

在现代室内设计中，黑色作为一个永恒色系，可以作为点缀色或搭配色来使用。整个室内以黑白两种色调为主，给整个空间简约大气的同时又不失一丝稳重的感觉；黑色与白色的合理搭配布置，给人带来品味高雅大气的心理印象。

进入 21 世纪，世界各国文化的交融给中国装饰文化带来了冲击，中国装饰色彩也列于其中。当下，追求时尚成为最热门的流行趋势，中国设计师在迎合世界潮流的同时，切记装饰色彩是奠定中国特色室内环境的一个重要组成部分，对装饰色彩的认知直接影响中国化室内设计的发展，只有深刻领悟装饰色彩的文化内涵，才能在多元化的色彩世界中打造具有中国特色的室内环境。

（二）图案分析

中国装饰图案是装饰文化宝库中特有的一种审美形式，它种类繁多、题材丰富，是中华民族文化艺术中一道亮丽的风景线。中国装饰图案集聚古人的智慧和创造力，融合宗教文化、伦理道德和民族风情，最终形成了中华民族特有的装饰艺术体系。中国装饰图案经过几千年的发展，从原始的图腾崇拜纹样到迎合现代审美的装饰图案，都是以中国装饰文化精髓这条主线展开，顺应时代发展潮流，中国装饰图案兼具传统和时尚两个因素，如果将其移植到室内空间中创新运用，必将营造和谐怡人的生活意境。

中国装饰图案象征着光辉灿烂的东方文明，其历史文化底蕴是不言而喻的。本书从装饰图案的艺术呈现形式出发，从工艺、民俗和艺术三个方面进行详细的介绍，为中国装饰图案在现代室内设计中的表现做好铺垫。

1. 工艺类装饰图案

中国工艺类装饰图案主要有彩陶图案、青铜图案、建筑装饰图案和染织图案，其装饰手法千姿百态，由于不同历史时期审美文化和工艺制作的差异，呈现出个性的多样化和装饰的多元化。

（1）彩陶装饰图案

彩陶装饰图案反映了人类和大自然之间单纯质朴的情感，体现了追求美好事物的思想意识。随着时间的流逝，各种直曲线和流动旋转的形式成为彩陶装饰的主旋律，人类经过实践发现了抽象几何线条内涵的文化意蕴即形式美规律，这在当时是一个伟大的创举。在现代社会中，彩陶以其优美的造型、精巧的装饰，成为现代室内装饰用品的新宠，对室内空间环境氛围的营造起到了画龙点睛的作用，同时彩陶装饰图案具有简洁、大气、朴素、流畅的性格特征，表现出自由舒展、生机盎然的装饰风格，与现代人追求个性化和时尚感的生活方式相吻合，对于中国特色的现代室内设计的发展产生了深远的影响。

（2）青铜装饰图案

青铜装饰图案主要展示的是形和线结合的美，其装饰特征表现为庄重、威严以及神秘，如河南安阳的中国文字博物馆室内装饰效果极其巧妙地运用了青铜装饰图案，尤其在“钟鼎春秋”的展区设计中，整个青铜装饰风格与陈列语言融为一体，和谐自然；在博物馆外廊的雕墙和雕柱上，红黑相间的饕餮纹图案构成了殷商宫殿形象的基本要素，在设计上采用后现代的表现手法，充分体现了中国传统的装饰艺术风格。在中国现代室内设计中，青铜装饰图案还用于墙饰和隔断等，使室内空间环境更加别有一番风味。

（3）建筑装饰图案

中国建筑装饰图案种类繁多，如瓦当、斗拱、门窗、屏风以及砖雕上的雕刻和彩绘装饰图案，不但与现代中国室内设计中的形体组合相吻合，而且也反映了浓厚的伦理色彩。为了达到传统与现代的和谐统一，就要以中国建筑装饰图案的原形作为设计元素，通过提炼、概括等手法，将不同的材质创新运用到现代室内设计中。因此，只有古为今用，推陈出新，才能使设计本身更加丰富，更加具有中国文化内涵。在现代室内设计领域中，中国建筑装饰图案被广泛应用的优秀案例很多，如北京仲景会馆，它是一个展示企业文化、弘扬汉代名医张仲景中医药文化的窗口。该会馆室内设计以中国传统文化为主题，将汉代画像砖的图案纹饰运用于隔断，与地面拼接的传统卷叶纹相呼应，再加上颇具古意的中草药方作为墙面装饰，体现了完美的企业形象。

（4）染织装饰图案

提到染织装饰图案，我们不得不想到中国三大名锦：云锦、宋锦和蜀锦。随着丝织工艺的技术更新，出现了各种各样并且不同的装饰图案，染织装饰图案经过几千年中国装饰文化的洗礼，具有了吉祥、高雅、雍容的象征意义。

2.民俗类装饰图案

中国民俗装饰是装饰文化瑰宝中的珍品，具有鲜明的民族特性和很高的审美价值，随着历史的发展，成为积淀于中国大地的有形符号和语言。中国民俗类装饰元素主要包括民间剪纸和年画两种，对于中式室内装饰的发展产生了深远的影响。

(1)民间剪纸装饰图案

剪纸装饰艺术具有典型的东方文化象征和强烈的民族地域特色，是深受老百姓喜爱的一种传统手工艺艺术形式，是中国装饰元素中极其重要的构成因素。剪纸装饰艺术题材丰富、种类繁多，主要有窗花、喜花、灯花、绣花等花样，艺术样式取之于生活用之于生活，剪纸艺术图案大多是对事物原型的想象，通过艺术的手法表现出来。民间剪纸装饰图案大多是动物、人物、草木花卉等，锯齿形是剪纸独特的装饰语言。

(2)民间年画装饰图案

年画是中国特有的一种装饰绘画，它同剪纸一样，都是传统文化的艺术表现形式，寓意喜庆祥和，深受老百姓的欢迎。在中国，年画又被称为“喜画”，中国南北方有著名的“四大年画”，由于南北方地域文化的差异，形成了不同的装饰内容和风格。

中国年画的艺术特色在现代室内装饰设计中体现得淋漓尽致，不仅直观地为人们营造了美观的居住环境，也展现了浓郁的民族地域文化内涵，给人带来审美上的愉悦和情感上的震撼力。年画在室内空间的表现形式多种多样，可以直接用作家居装饰品，也可以做成屏风之类的装饰构件用来分隔空间，此外，在现代时尚家居生活中，印有年画元素的靠垫、杯垫和茶杯等体现了中国装饰艺术的独特风格和文化内涵，深受人们的喜爱。

3.艺术类装饰图案

(1)中国书画

中国书画具有悠久的历史积淀，是中国独特的民族文化艺术形式之一，从古到今，在中国室内装饰文化的发展中，扮演着高雅脱俗的角色。笔、墨、纸、砚是中国书画文化的物质和精神载体，如用花卉类书画来装饰沙发背景墙，不仅给整个室内增添了古色古香的气息，也为美化装饰室内环境起了画龙点睛的作用。

在现代室内设计中，中国书画除了有增加装饰氛围的作用外，还可以对人的身心健康有一定的影响。例如，写有“自强不息、拼搏奋斗”的书法和绘有奔驰骏马的国画，都可以让人产生积极向上的心态；“家和万事兴”的书画作品用作室内装饰品，可以起到促进家庭和谐的作用。从以上可以看出，中国书画是室内装饰品很不错的选择，对于室内装饰文化的发展有一定的刺激效果。

(2)京剧脸谱艺术

京剧脸谱艺术是中国特有的一种装饰艺术,被看作是中国装饰文化的标识物。京剧脸谱常用色彩和线条来绘制各种图案,常以蝙蝠、燕翼、蝶翅等图案来装饰眉眼面颊,突出表现人物的性格特征。在现代社会,京剧脸谱作为一种装饰纹样被移植到室内,散发出浓浓的东方韵味。

丰富多彩的中国装饰图案,象征了光辉灿烂的装饰文化,设计师应该吸取中国装饰图案文化的精髓,继承传统,发扬创新,在现代室内装饰设计中更好地发挥中国装饰图案的艺术魅力。

(三)材质分析

在室内装饰设计中,中国装饰元素自然材质的选用也是装饰文化的特色之一,无论是传统中式还是现代中式,都给人一种自然、亲近的感觉。具有中国民族特色的材质更贴近于自然,其中最有代表性的几种材质是木材、石材、竹和藤等,不同的材质、质感和特性也不一样,在室内设计中,要注重材质之间相互协调和对比,营造和谐、生动的室内空间氛围。

1. 木材

所有的室内装饰材料中,木材和人类关系是最亲近、最熟悉的一种,在室内外装修设计中被广泛应用。木构架是我国古建筑的主要建筑结构,随着岁月的流逝,逐渐形成了中国特有的一种建筑形式,可见木材与中国装饰文化的历史之间有着不可分割的渊源关系。

自古以来,木材就是中式室内装饰的主要材料,除用于室内界面装饰以外,还用做家具、屏风、隔断、木雕等方面。木材能广泛用于室内设计,主要是因为它本身所具备的特性所决定的,木材自身不但具有很好的强度、硬度和韧性,同时也有舒适的视觉和触觉感受。传统的室内装饰以木材为主要材料,现代的室内设计木材也是必不可少的装饰材料,像木地板、木雕刻等,显示出室内空间自然优雅的氛围,同时,木材与其他装饰材料结合使用,令空间别有一番“木”味。

2. 石材

石材也是中国装饰元素的重要组成部分,石材庄严、恒久的品质成为主要的室内装饰材料。在传统的中式室内装饰中,青石作为主要的石材而被广泛应用,现在青石仍然以其美丽的纹理效果运用于室内,令室内空间极具个性审美情趣。除了青石以外,花岗岩和大理石也是现代常用的石材装饰材料,各种石材的拼接使用,使中式室内空间更具自然和古朴的艺术风格。

3. 竹和藤

传统的中式室内设计中,竹和藤主要用于家具的编织用材,这主要与它本身所具有的韧性有关。竹藤家具在现代社会也是极具个性化的时尚家居,竹质家具富有天然的纹理质感,带给人以雅致、清新、质朴和典雅的感觉，具有浓郁而亲切的乡土气息。而藤质家具自然、舒适，洋溢着活泼温馨、清新典雅的味道，富有浓厚的田园色彩。同时，竹藤也是一种生态环保材料，对人的身心健康有益无害。

当前，竹和藤除了用作家居的原材料以外，还经常用来营造自然、宁静的室内环境氛围，如将竹子直接移植到室内，可以增添一些室内绿化效果，蔓延的藤条也可以作为个性化的吊顶设计，为室内空间增添了生机和活力。

木、石、竹和藤是中国装饰元素中选材的典型代表，从材质的运用中，可以看出中国装饰文化崇尚“自然美、个性美”的倾向，自古以来，人们的生活环境每一刻都在和大自然交汇，这也是中国装饰文化能永久不衰的根源所在。

（四）文化内涵体现

中国装饰元素在室内设计中的表达是装饰文化内涵的体现，具有鲜明的民族地域特色，中国装饰文化主要以传统文化思想为基础，推动着中国特色室内设计的繁荣和发展。尊重自然是中国装饰文化的精髓，在人类改变自然的活动中，自然界中的人造物是文化发展的产物，当然中国装饰元素也不例外，中国装饰元素的文化内涵是其在室内设计应用中的理论升华。

1. 天人合一

“天人合一”是中国哲学的基本精神，是传统美学的审美尺度，也是中国装饰文化的核心思想，这一思想主要强调了人与自然的和谐相处。儒家的董仲舒明确提出“天人之际、合二为一”的观点，被后人称为天人感应、天人同构、天人相通；道家对天人合一的思想也有独特的见解，认为人类应该尊重自然、顺应自然，实现人与自然的统一。

中国“天人合一”的哲学思想对中国装饰文化产生了深刻的影响，同时也推动了中国装饰元素的应用和发展。具有中国特色的茶文化，盖、碗、托组成的茶盏分别代表了“天、人、地”的和谐统一，这是典型的天人合一哲学理念的体现。中国的室内设计注重处理室内外空间的关系，借景是中国造园艺术的主要手法，其目的是把室内外空间融为一体，实现天人合一的目标。近几年在中国流行的室内绿化设计，倡导生态环保和可持续发展设计理念的同时，还兼顾了设计的安全感，这正是“天人合一”思想在中国现代室内设计中的典型运用。

2. 中庸之道

中庸之道是儒家的核心思想，它的理论基础是天人合一。《中庸》中提出：“不偏之谓中，不易之谓庸”。在现代室内设计中，中庸之道不是简单的折中主义，而是在特定的环境中，追求尽善尽美的目标。

中庸之道的主要内涵是中正平和，即事物在对立统一中发展到圆融的境界。中和不仅是中国美学的主张，也是中国人的为人处事之道，中国装饰图案的和谐美正是体现了“中庸之道”的哲学理念，在图案造型上讲求虚实、明暗、高低等的对比，例如，太极图案就是典型的代表，其中阴阳相抱不仅是自身的一种平衡，更是与自然外界环境达到的一种平衡。

3.禅宗思想

"禅宗思想"是中国佛教文化的精髓，同儒、道一起被称为中国装饰文化的三大组成部分。禅宗提倡自然简约，符合现代室内设计发展的潮流，对于在现代都市快节奏生活的人们来说，是一种心灵的解放，因此，"禅之味"的室内设计成为现代时尚社会的追捧。现代"禅韵"中式风格以简单大方的线条和"藏"而不露的含蓄性著称，改变了对传统中式呆板的印象。

在现代室内设计中，具有禅意的家具设计集东方韵味与现代时尚于一身，把传统元素和现代元素有效融合在一起，深受人们的欢迎，再辅以现代东方气质的装饰陈设小品，如中国书画、陶瓷器皿，与室内绿化植物结合起来，别有一番禅味。只有真正地把设计融入禅的精神境界，才能达到人与自然的和谐、心与自然的沟通。

4.集美思想

中国人的集美思想表现了追求物质和精神享受的完美境界，龙凤、麒麟都是中国人集美思想的主要表现。在现代室内设计中，集美思想主要体现的是中国装饰元素和空间风格的混搭。人们都希望追求完美的生活家园，新中式与现代简约和田园风格的混搭正是现代室内设计集美思想的典型表现，具有文化内涵的中国装饰元素运用其中，既不失传统的含蓄，也不失现代的时尚。

二、中国装饰元素在室内设计中的转化方法

（一）中国装饰元素的表现手法

中国装饰元素是装饰文化历史积淀的产物，是特殊的中华民族地域符号，只有深入地掌握中国装饰元素的表现手法，才能更好地运用到现代室内设计中。经过总结归纳，中国装饰元素的表达方法有象征手法、寓意表达、谐音变换几种。

1.象征手法

在中国装饰文化艺术中，象征是一种常用的艺术手法，象征手法是借助某一特定事物的具体形象来表现一种抽象的概念和情感，赋予事物含蓄而深刻的含义。现代室内设计中的中国装饰元素种类繁多，文化内涵丰富，在不同的室内空间中，表达着不同的象征意义，让人浮想联翩，耐人寻味。例如，龙是中国人集美文化思想的产物，是中华民族的标识符号，象征着权势和高贵；中国结代表中国人对美好事物的追求，象征着团结和希望。

2.寓意表达

寓意是某一事物寄托的特殊意义，和象征一样，也是一种常用的艺术手法。在中国现代室内设计中，传统寓意与现代时尚元素相结合，彰显了中华民族含蓄的内敛性和现代韵味感。装饰元素的寓意表达多来自民间故事和文学典故，是中国装饰文化发展的产物，是在劳

动人们的生活实践中总结得出的。例如，中国的玉文化博大精深，玉也是中国装饰元素的典型代表，其中用于室内装饰的玉如意挂件，用途广泛，寓意丰富，有吉祥如意、万事如意和福星高照等意蕴；牡丹是典型的中国装饰元素，不但是中国书画作品广泛采用的题材，在室内布艺装饰中也经常运用，牡丹主要有美满幸福、大富大贵的寓意。

3. 谐音变换

谐音，作为一种艺术手法，来源于我国悠久的汉文化。汉语中发音相同，但字形和字义都不同，这是汉文字谐音艺术的魅力所在，文字谐音的变化，不但丰富了汉文字语言，而且还赋予了文字情趣和人性化。中国装饰元素的谐音变换表达是不可缺少的，中国人喜欢用谐音，这与中国人的生活习惯有很大关系。民间年画中，有童娃抱着金鱼坐在莲花上的画面，被称为“连年有余”，希望每一天都过得富余；葫芦谐音“福禄”，寓意多子多福。

(二)中国装饰元素的运用手法

通过对中国装饰元素表现方法的详细论述，让大家对其艺术内涵有所理解，把中国装饰元素的艺术内涵和文化特色运用到现代室内设计中需要一个转化的过程。

1. 直接运用其形

传统装饰元素中的“形”可谓形态万千，内容经典丰富，代表着中华文化之精髓，不同的地域有着不同的文化，其装饰元素所具有的形态也各不相同。这里提出的在室内设计中对传统装饰元素“形”的直接提取，是在一定设计主题和功能性要求下首先分析所要运用的这些传统装饰元素的典型特点，根据材质和室内审美需求，将其“形”直接提取出运用于现代室内设计中。毕竟在现代室内设计中，有一些室内空间是需要用传统装饰元素的原生形态来营造特殊的空间环境，并不是每个室内空间都要将元素进行完全改造和再设计。比如一些具有地域性民族特色的餐饮店，为了体现它的传统特色和独特的空间氛围，设计师在设计时就会考虑到以具有典型的、代表性的地域性文化装饰符号来进行适当的应用，在元素的提取应用过程中，充分考虑和分析原元素造型的形式特征、组合方式，保证提取的元素具有独立性和典型性，将保持原形态的传统装饰性元素直接提取并应用于室内设计中。虽然其形式没什么变化，但现代的装饰手法、应用的材料都有所变化，对于装饰元素中一部分造型简洁、既富有形式美感又富含传统寓意的元素，我们可以直接采纳。所以尽管只是对元素的直接提取并且应用，依然能体现出民族特色和时代感。我们熟知的回纹、龙纹、凤纹、冰裂纹、云纹、卷草纹等传统装饰纹样，都能直接地应用到现代室内空间中。在对元素的直接应用上我们要注意考虑地域性文化，考虑所要应用的元素本身的文化意韵，要符合室内空间定位，不能太繁杂、太混乱，在同一室内设计中尽量保持特征明显、主题明确、主次分明。

2. 对传统装饰元素的抽象简约

在现代室内设计中，对传统装饰元素的抽象化、概括化、简约化处理已经是一种常用的应用手法了。传统装饰元素从流传下来就是具有文化精髓和民族特色的一种载体，中国传统装饰元素形式丰富多样，题材广泛，内容经典，寓意吉祥，具有很高的艺术审美价值和文化价值，但有些元素的形式在现代显得较为陈旧、造型繁复。在现代室内设计的应用中应将冗繁的造型元素加以提炼和概括，反映出装饰形式的本质特征，“减”去非本质的东西，突出元素的典型特征，求得形象特征的鲜明性、代表性，所以传统装饰元素也要迎合时代特点发展性、批判性地继承和应用。当然在现代室内设计中传统装饰元素的具体运用上，我们不能只是为了创造而创造，而是要结合现代人的审美观、价值观和施工工艺来对元素进行概括、提炼，以适应现代化的时代背景。现代人为了追求更惬意舒适简单的生活方式，在室内设计的风格上也比较趋向于简约大方，所以对于传统装饰元素形式中一部分本身造型烦琐、形式陈旧、重复性比较高的元素，如纹样、字体等就需要进行概括、抽象。高度概括、抽象化处理的前提就是要充分了解这些装饰元素的典型特征、组合形式，将其分解、打散、变形，再用现代新材料、新艺术手法和施工工艺将装饰元素中一些次要的元素进行精简，取其精华、去其糟粕，按照现代设计手法进行再创作、整合、重组，突出元素的主要结构，以取得形式上的纯净和美感，求得元素本质特征的典型性和鲜明性，创造出传统装饰元素的现代新形象；也可以把一些传统构件抽象化，将其解裂或者变形，提取突出其典型意义的符号，在现代室内设计中恰当地应用，融古汇今、推陈出新，使得传统与现代产生某种空间联系。这里需要注意的是在元素的艺术化处理方式上不要做无理由的随意拼贴，在创造具有时代感的传统装饰元素的时候，注意保留元素本身的传统韵意，这样才能让这些传统装饰元素形神兼备地传承下去。

3. 提炼延续其意

随着时间的推移和社会的发展，人们的审美观念也在发生着变化，中国装饰元素也跟随着时代的脚步而向前发展。在现代简约流行的潮流下，一些烦琐复杂的中国装饰元素已与时代格格不入，为了迎合现代大众的审美，就必须对其进行抽象的概括和归纳，这也是对中国传统文化继承和创新的一种方法，再结合现代新材料新技术的广泛应用，必然创造中国装饰元素的现代时尚模式。无论复杂与简单、具象与抽象，中国装饰元素“形变但意在”的内涵是不变的，它的意蕴同样适用于现代和未来的中国室内设计。

4. 传统装饰元素的重构

中华民族以智慧和创造力给我们留下了灿烂的文化宝库，中国传统元素作为其中的一种，反映出浓厚的中国文化内涵，展现了深刻的人文精神和美学意义。中国传统装饰元素的形成是不同时代不同地域的产物，应用在不同的领域和对象上，尤其在现代室内设计中，要随着时代的发展，不断地对其进行恰当的更新，对其形式进行整理是非常有必要的。对元素的提取、转化和抽象再重构，这是当前室内设计装饰中广泛使用的方式。这里所说的将传统装饰元素中元素的重构并不是简单地元素堆砌和拼接，而是通过对在各类传统装饰元素文化意蕴的深刻了解下，对其进行分析、归纳和总结，提取典型的表现特征，进行有机的重组，最终达到形变意存的装饰目的。在设计的过程中，将传统装饰符号原有的造型结构和组合方式以打破和分解为前提，利用打破后最具典型性和代表性的造型元素再进行重新组合搭配，或者在传统装饰符号上进行提炼和移植、变异，这里的变异也并非是对元素的堆积处理，事实上是传统的“形”在现代新技术、新材料的发展下、保持原有特征的情形下对其进行形式上的变化与创新，提取适用的材料，使其成为自己创作的素材。对这些提取的元素进行分解、再重构，用现代的审美观念和审美情趣去重新阐释传统精华，寻找东西方文化的结合点，与室内设计相结合，形成有文化气息的室内空间环境，是传统与现代元素的碰撞和转型。但要注意的是在具体的设计中要对形式进行必要的处理，立足现代，推陈出新，构想出区别于传统、超越传统的装饰形式，且具有民族识别性的一种不失原有特征的、全新的装饰文化形态。也就是说在保留传统装饰元素风貌的前提下对其进行局部分割、简化、改造与创新，打破完整的构图，进行元素的重构，渗透设计意识，成为人们精神上所认同的、新的装饰语言。要使其既具有民族特色，同时又具有现代感，把握传统装饰元素“形”的特征，从中获取灵感，达到“神”的传达。要善于抽象提升其元素典型的外形特征，获取设计的趣味性，让传统与现代相结合，成为现代室内设计中活跃的元素，以此达到对传统文化的继承和发展，实现现代室内空间装饰文化的创新。

5.意境传达其神

中国装饰元素在室内设计中文化意境的营造是对中国装饰文化精神层面的体现，直接运用其形、提炼延续其意都为文化意境的营造提供了可能性。由于现代人在生活中对心理层次的需求，再加上装饰元素本身的象征、寓意、谐音等表达方式，中国装饰韵味的传达必然可以填补现代人心灵的缺失。只有深刻领悟中国装饰元素的精神内涵，在东西方思想文化相互交融的基础上，才能真正找到传统和现代的完美结合点，营造具有东方韵味特色同时又被世界所认可的室内环境，因此，只有把握中国装饰元素的意和神，才能在世界上创造属于我们的特色室内装饰设计，从而使中国室内装饰文化发扬光大，这不但是中国人自己的骄傲，也是带给世界的精彩。

三、中国传统装饰元素融入室内设计的应用原则

（一）重视传统装饰元素的提炼

具有悠久历史的中国传统装饰元素具有不同于其他国家的特点。它们形式多样，题材丰富，蕴含着中国特有的民族文化，中国传统装饰元素在现代室内装饰设计中起着不可或缺的作用。在具体应用中，应注意元素的细化。这种抽象是在深刻理解民族文化背景的前提

下，处理简化、分解、重组等要素，不能简单地盗用和堆砌元素，强调元素的典型特征，提炼文化精髓，防止传统装饰元素在提炼和运用过程中西化。现代室内设计中凌乱的元素会使室内空间环境显得复杂无序，因此在室内设计中具体运用传统装饰元素时，要注意对文化元素的提炼，使这些元素得以合理运用，在室内设计中恰当而美观地表现出来。传统装饰元素在现代室内设计中的应用，不能刻意追求，甚至不能在室内空间中死板地应用。它应该是一种自然的情感表达和对民族文化理解后的表达。

在现代室内设计中，要注重地域特色和历史文脉，注重继承和发展。继承既包括对传统形式的继承，也包括对中国传统设计原则的继承，使之具有延续性。以人为本是现代室内设计师的基本指导原则，需要强调的是，我们以明确的设计理念为中心，从人的角度出发，设计出人们所需要的各种作品。

（二）注意室内文化元素的应用与建筑母体的和谐

除了要对上述文化元素加以提炼外，还要理解和注意室内文化元素的运用和建筑矩阵的和谐，不能机械地复制这些元素。在具体元素的运用上，要找到建筑矩阵与室内空间的契合点，并运用准确简洁的装饰语言来定位空间环境，如安静、活跃、庄重、温馨等，如在中式茶馆的室内设计中，考虑到文化元素应该是清新、自然、温馨、高贵、质感、意境等语言，在设计中，手工、图案、质地、色彩、灯光等装饰效果，都应该根据以上文化元素营造出独特的茶文化环境氛围。如果这些装饰元素的语言定位偏离了建筑矩阵，比如它所反映的严肃、没有情感的特性，或者色彩冷淡，空间环境就会显得冷峻压抑，这就不符合建筑功能的特定文化语言要求。如果元素的内容和表现形式与建筑矩阵不兼容，就会削弱建筑内部应有的文化氛围。因此，在室内文化元素的运用上，要注意保持室内文化元素与建筑矩阵文化语言的高度和谐。著名建筑师梁思成说的“中新”，指出了正确借鉴和应用传统文化的原则，力求将传统文化元素与现代建筑的母文化语言统一起来，体现鲜明的民族特色和时代感。

（三）传统装饰元素与现代室内设计的交融

随着时代的进步，人们的审美情趣也在不断地提高，传统装饰元素在室内的交融已经不再能满足于人们的审美需求了。现在很多室内设计都在努力地寻找中西文化的契合点，开始重视传统与现代的交融。在充分分析和研究中国传统元素内在含义的基础之上，运用相关最科学的理论和装饰语言，从色调、空间等因素为出发点来进行再创造，是中国传统文化艺术在现代室内设计中创新的重要内容。这里的传统装饰元素与现代设计的融合并不是简单地克隆西方设计理念、元素或方法，在现代室内设计中，传统装饰元素的应用应当适应于时代发展的特点和现代人的审美需求，传统与现代相互影响和融合，这不仅仅是形式和符号的简单契合，这更应该理解为人类文明的相互交流和精神境界的相互渗透，把现代简约时尚的风格与传统装饰元素结合，营造室内现代的、民族的、时尚的空间氛围。

（四）地域性文化元素在室内设计中的应用

每个地域都有各自的历史，自然也就形成了独具特色的文化积淀，在现代室内设计中装饰元素的运用都应体现明晰的地域文化特征，在现代室内设计中我们应该重视地域文化元素的设计，这样能体现鲜明的地域信号。不同的民族有着不同的地域文化，不同地域所形成的文化元素也是大不相同的，可见地域性文化元素的运用是具有表现意义的。如传统装饰元素根据所在区域的不同，其自然也体现着不同的地域文化，在具体的应用中，要考虑将设计的内容和形式进一步深化，把具有典型的、代表性的地方文化特色装饰元素应用到其中，结合现代的技术手段和艺术处理手法在传统的基础上进行提炼，使室内空间环境更显地域风貌。就我们国内而言，具有地域文化传统装饰元素的应用，比如在北方的一些建筑中习惯将传统装饰元素应用在大门的抱柱、柱础以及木雕的门窗、隔扇、花罩、雀替、斗拱等上面，由于地貌特征或者民俗风情以及文化的不同，不论从室内还是室外，在传统装饰元素的应用上都显示了一种敦厚质朴、古朴粗犷的感觉，但这并不意味着传统装饰元素在细节的应用上就简略和粗略。在细节的处理上，北方擅长“粗材细做”，突出重点装饰，取得“粗中寓细，土中寓秀”的韵味，且在传统色彩上北方主要以灰砖灰瓦盖顶，皇家则以红墙金瓦盖就；而与北方地区相比，由于南方气候潮湿，室内设计中主要考虑到其透气性，在装饰元素的应用上彰显清秀、灵巧、轻快的美感。色彩多粉墙黛瓦，颜色淡雅精致，特别注意与周围环境的协调，营造出一种水墨画的意境。

四、中国传统装饰元素在室内设计中的应用

（一）书画的应用

中国传统装饰元素在室内空间设计中融合着庄重和优雅的双重品质，中国传统装饰元素中的书画艺术，作为一种文化的载体，也更多地被应用于现代室内设计中。书画的融入需要考虑诸多因素，其表现的题材和形式及色调都需要根据不同的对象、审美情趣，以及不同的环境氛围、文化背景等来仔细斟酌。对于不同的审美群体，就需要选择融入不同的书画题材和表现形式，这样才能达到人与环境自然和谐并统一的境界。在典型的中式室内设计中，书画成为必不可少的一种装饰元素，以一种符号的形式运用于现代室内装饰中，不论是居室空间设计还是公共空间设计，书画元素的装饰功能除了作品本身所具有的审美及文化价值外，其所承载的形式、色彩、材质、尺度等都会影响到室内环境气氛的营造，能够给人们带来不同的心理感受。如气势恢宏、色彩绚丽的匾额，给人一种很强的视觉冲击力，能够增加室内环境的富贵感；装裱的书法体现出一种雅洁的气质；浓淡相宜的水墨画能丰富室内的色调层次，对室内色彩有着一定的调节作用，并且有效地围成一种具有传统文化气息的空间。在现代的室内建筑空间中，本身线条简洁规整，很容易表现其现代感，但会使环境显得单调，若

是能够和谐地融入中国绘画艺术或者富于曲线变化的书法艺术,自然能引发生动活泼之姿态,既活跃了空间气氛,又增添了室内文化品质。所以不论是在古典中式空间还是传统与现代相结合的室内空间,我们都有着共同的新期待——古韵新风,我们不仅要把这些传统装饰元素直接在室内设计中表现出来,也可以用新的艺术创作手法以创新的形式来打造属于我们自己的文化空间。

(二)传统工艺的应用

中国传统工艺,如陶瓷工艺品、壁画、剪纸、刺绣等是中华民族智慧的结晶,包含着深厚的文化底蕴、丰富的审美价值和独特的艺术风格,传统工艺也越来越多地被用在现代室内设计中,具有很大的实践意义和运用价值。在一件好的中式空间设计作品中,不可能只是单一地运用某一种传统装饰元素来阐释中国文化,而是把各种典型性的传统装饰元素在特定的空间环境下和谐地融入。就陶瓷工艺在室内设计中的应用来说,在室内空间设计中,体现中国传统文化气息不仅仅是直接地选用一些具有代表性的传统陶瓷工艺品,直接摆放在室内空间中去,当然也可以根据审美对象的具体要求来进行再创造,我们可以利用传统制作陶瓷的工艺手法来设计出传统与现代相结合的装饰元素,不一定是中规中矩的很对称的设计方式,可以尝试通过变化设计手法和设计形式来尽可能地满足大众的现代审美情趣。

(三)传统纹样的应用

传统装饰纹样在现代室内空间设计中的应用算是传统装饰元素中比较广泛的了,无论是空间环境的装修还是室内的陈设设计,中国传统装饰纹样有着强烈的装饰效果,常作为一种象征符号来表达,使设计具有更多的含义。在现代中式空间的设计中,传统装饰纹样无处不体现在每个空间角落,如椅子、几案、屏风、格栅、窗棂等,在装饰上以传统装饰纹样的应用来营造一种具有民族特征的传统韵味。在室内设计中经常采用传统装饰纹样的经典局部来对空间中的装饰部件进行装饰,如厅堂的壁饰、地毯、沙发的装饰织物、桌椅等,内容绝大部分为寓意吉祥、象征意义美好的纹样,如龙凤纹、植物纹、几何纹、吉祥组合图案等多为在室内设计中常见的装饰纹样。传统装饰纹样在室内空间的运用可以通过木雕、挂屏、壁画、装饰线脚、整体装修等来实现,可以运用在门、窗、床、家具、隔断等上面,既能起到功能作用,又能体现其审美价值和文化价值。传统装饰纹样可以表现在室内的各个立面或空间中,在具体运用的过程中可以根据使用功能的不同、使用者审美需求的不同而选择不同种类特色的装饰纹样和装饰风格。

在现代室内空间设计中,对于空间大小的不同,所运用的装饰纹样类型也是不同的。在博物馆、酒店大堂等大型空间,装饰纹样一般用尺幅较大的壁画来表现,以龙凤装饰纹样或者其他花卉、表现古代神话题材的纹样为主,装饰线条大部分运用几何纹样,如回纹、卷草纹、拐子纹等,在窗棂、门扇、隔断、天花或者地面上大多用冰裂纹、花草纹、方胜纹、云纹或者其他简单的传统装饰纹样，这样的效果既体现了简单明快的装饰性，有一种空间流动感和层次感，又起到空间分割的作用。同样，这些传统装饰纹样也可以运用在室内中的其他空间装饰元素上，如植物花草纹、龙凤纹、福禄寿喜字纹等经常在装饰织物、陶瓷工艺品、壁画、家具等上面，在纹样的选择上要根据具体的室内环境和装饰风格来考虑协调性。沃尔特·格罗佩斯①曾说过："真正的传统是不断前进的产物，它的本质是运动，不是静止，传统应该推动人们不断前进。"传统装饰纹样作为手工时代的产物，是具有一定历史局限性的，所以在室内环境设计中我们应该以现代的设计语言去诠释和重现传统装饰元素的美，将这些积极的、实用的装饰纹样形成现代装饰元素，在室内空间环境里展示现代与传统的和谐融汇，用现代设计手法表达其内在的气质，营造一种具有我们本土文化氛围却又不失现代感的空间环境。比如在现代室内设计中，可以通过将传统纹样抽象、简化、符号变异、打散变形等艺术处理手法，将具象题材加以抽象运用，与现代新工艺、新材料相结合，推陈出新，在烦琐中求变化，让其乱中有序，形成古韵新风的设计理念；又如在墙面、窗棂、门或者隔断的装饰效果设计上，可以将传统装饰纹样重新加工并运用在上面，产生很好的装饰艺术效果。若要提升室内空间的文化品位，在装饰纹样上多选用表现人类崇高情趣和品质的花草植物纹样，如梅、兰、竹、菊等图案，这些纹样都反映了中国传统文化艺术装饰中的深刻寓意。

（四）传统装饰色彩的应用

色彩是一种视觉艺术，在室内设计中属最生动、最具表现力的因素，色彩比功能更能表现空间情趣。在中国传统美学空间中，讲求情景交融、以景叙情，色彩在其中也扮演了重要的角色。色彩在室内空间的处理上既要符合审美效果，也要适应人们的功能需要，色彩能够带给人们丰富的联想和寓意。中国传统装饰色彩主要以黑、白、黄、赤、青为主，前面已对此做了具体阐述，这些传统装饰色彩应用到室内设计中可以产生丰富的联想，可以打破室内立体空间中的单调感，从而扩展了空间形式，以传统的色彩打造现代的空间，创造更丰富的空间意境。

（五）传统家具的应用

中国传统家具富有浓厚的中国特色，其造型优美，形式丰富。传统家具在现代室内空间中的集美效果源于其所具有的民族特征和传统文化在中国家具上的印记，以及它们所体现出的一种中国人的家居智慧，尤其明式家具的文人气质和艺术造诣在世界家具史上独具匠心。国内时下比较流行的一种室内设计风格，便是以现代装饰手法和风格为主，空间中混入一两件中式传统家具，给空间增添了一种分量感和贵气，也会因为其独特的文化气质唤起民族精神的回归及历史的记忆，在室内空间中有着极高的融合性。

家具是一种文化形态，时代特征明显，反映着人们的审美情趣，家具也应该是建筑的延

---

① 沃尔特·格罗佩斯（Walter Gropius），20 世纪最重要的设计师，包豪斯奠基人。

伸物，应该与建筑保持相应程度的联系，在现代室内设计中若巧妙地结合这些家具的特点，恰当地运用在室内空间中，同样会使现代室内空间流露出浓郁的中国味。对于传统家具在室内设计中的应用而言，要在满足功能的前提下，考虑家具在室内的布置方式、位置、数量、文化特性的表达、精神功能的传达和室内空间的关系，使其不再以“古老、死板”作为代言词，让自然、朴实、亲切来取而代之，传统与时尚交织，简单却蕴意深厚，会展现一种更丰富、更有独特韵味、更有新意的空间环境。

传统家具在室内设计中的应用上，要考虑诸多因素，可以对其进行一定的改造和设计，由于不同的人有着不同的审美观念，所以不是所有大众都具有喜欢传统家具的审美，传统家具在视觉上一般给人一种厚重、严肃的感觉，从形式上看与现代简约家具相比而言稍显烦琐。我们可以通过对传统家具的再设计给其赋予新的感觉，在保持原有的自然元素的情形下，将传统装饰元素加以提炼、简化或者重组，通过不同的材质和艺术手法进行处理，可以变化其色彩、质感、形式等，在设计中突出强调现代简约美、时尚美，将功能与艺术结合、现代与传统结合，丰富传统家具在室内设计中的装饰语言。中式精神与空间意境的融合，既展现出传统装饰元素的质朴、贵气、疏朗、简洁，又不失民族性、现代感。

现代室内设计中的中式家具就是将很多简约和时尚的元素与传统元素相结合，在延续传统风格的理念上借用西方抽象和简约等设计手法，文化兼容、古为今用，设计出室内空间装饰的一种新理念，引导了一种与众不同的室内空间审美风格，这种浓烈的现代感和中国风结合的家具，恰恰为我们的室内设计增色不少。当然，传统家具在现代室内设计中的应用要符合空间氛围的营造，也不是随意的放置就能增添文化气质，还要考虑家具与室内空间中其他元素的搭配，比如灯光、地面、材质以及整体空间色彩等，要让其给空间一定透气感，增添一种含蓄美，这样我们才能更好地感受到传统装饰元素在现代室内空间中的美妙之处。

五、中国传统装饰元素在室内设计中的应用理念

（一）自然、人文、和谐

中国传统装饰元素本身是中华民族几千年来传统文化凝聚而成的精髓，它们博大精深、源远流长，造就于自然，源于社会劳动的创造和文化的积淀。自古以来，和谐都是中华文化的核心，中华文化从而形成了和谐共生的价值观，从古至今，中国的先贤们都在阐发“天人合一”的思想，现代室内空间环境的营造也受此影响。“天人合一”实质上就是人与自然的关系，“合一”充分强调自然界和人类精神的和谐统一，这是融于自然的文化观念。室内设计作为“人居界面”，更多地融合了人与空间微妙的关系，进而在现代室内设计中，崇尚人文主义、自然、和谐，让空间为人服务，是设计师们一直锲而不舍所追求的设计理念。针对不同的人、不同的使用对象，要考虑到对室内空间的要求也是不同的，所以在设计时需要注意研究人们

的行为心理、视觉感受等，让设计为人服务，力求展现人文情怀。

今天，随着经济的快速发展，人们的生活节奏也在加快。室内空间作为人们生活和休息的地方极为重要，人们总是在寻找一种轻松舒适的生活方式。他们对休息的住宅也有了新的要求和标准，希望通过合理、人文、自然的空间让精神得到休息。目前，也存在这样的情况：一段时间以来，许多设计师在昂贵奢华的中式室内设计中力求运用中国传统的装饰元素来体现室内的文化内涵或自然、和谐、人文的环境氛围，尤其是对于住宅内部。虽然对于低成本经济的室内空间设计，很少有人关心，但大多数房间的室内设计仍然是通过简单的元素组合或元素叠加来完成的。因此，随着现代市场经济的快速发展，无论是豪华的还是低成本的室内空间，新工艺、新材料、新技术层出不穷。中国传统装饰元素在室内设计中的具体运用上，应力求摒弃浮华，回归自我，在设计手法和表现手法上采用艺术空间处理的方法，使每一个装饰元素和谐搭配，应继承和创新传统设计中的装饰元素。同时，要与设计风格相匹配，注重室内色彩的协调，在最大限度满足人们室内功能需求的同时，创造出具有地域文化内涵和人文精神的和谐空间，让小空间也展现大设计，实现人与环境的和谐共处，让室内自然气息流动，体现人的情怀。

（二）时尚简约

“简约主义”这一词虽然来源于西方，但不专属西方，我国古代伟大的哲学家老子就说过“少则得，多则惑”，说明简约主义在中国传统文化中早有体现。中国传统装饰元素虽然在室内设计中占据着不可或缺的位置，但元素的运用也是宜简不宜繁，如果在室内运用上仅仅是靠元素的生搬硬套或者拼合，“神”和“形”不呼应的话，可能会显得很孤立或者不入时，很难打造出有韵味的时尚空间。在现代室内设计中传统装饰元素的应用上，人们也在追求时尚简约的元素符号，所以开始把一些繁杂的装饰符号以“设计的减法”巧妙地将其归纳在一起，而这种设计的“减”恰恰会让人误会，在国内的一些室内设计中也不乏存在一些“减”出来的、“生硬”的、所谓时尚简约的传统装饰元素。比如对传统装饰元素的随意删减，不论是墙上还是地上，在设计应用的过程中大量的简单拼合堆砌，造型上抄袭或者模仿西方的形式，其结果反而会显得不伦不类，丧失了本有的文化气息。简约不等于单纯简化，简约是元素精髓的不断整合，将物体原有的具象形态通过艺术手法提升，凝练为一种高度浓缩、高度概括的抽象形式。中国传统装饰元素在室内的具体运用中考虑到时尚简约也要全力彰显人性化的设计，最终还是要以人为本，充分考虑人的审美感受和功能性。在这个过程中要尽可能地延伸传统装饰元素的文化价值，让人们获得简洁舒畅的居住环境所带来的心灵上的自由。

随着对中国文化背景和具体要求的深入了解，如果我们在现代室内设计中，将中国传统装饰元素高度提炼、浓缩为精华，使这些传统装饰元素更加抽象、简洁、恰当地运用在具体的课题中，让这些装饰元素渗透到室内设计中，即时尚、简约、丰富的民族语言，居住空间将是一种更适合我们自身审美心理的室内设计。因此,传统的东西也要与时俱进,从旧中创新,用现代人的审美需求创造出具有传统意义的东西,把现代元素和传统装饰元素结合起来,使传统的文化艺术在今天的设计中得到应有的体现,不仅在室内设计上创造了东方独特的风格,而且显得时尚。简约也是现代人追求的一种设计风格,在传统装饰元素的运用上也是如此。在应用过程中,要避免烦琐。在设计过程中,要使细节更加严谨,追求自然、轻松、朴素、典雅的氛围,简洁时尚的设计会让人体验到更多的趣味和魅力。这里的简约和时尚也强调自由,不要让这些传统装饰元素的原貌干扰人们的视觉,主张室内设计中任何多余的东西都应该丢弃,即“少即是多”。传统装饰元素在现代室内设计中的应用,要求以最简洁的表达达到最佳的装饰效果,同时注重中国传统服装装饰元素的精致形式,保持自然材料的原始形式。使用先进的技术,尽可能接近最原始的元素形式,这些元素更加抽象和概括,使中国传统装饰元素呈现出丰富、现代和朴素的永恒之美。

(三)个性化、民族化、世界化

中国传统装饰元素越来越多地活跃在现代室内设计中,随着时代的发展,人们对“中国情结”也情有独钟,比如在室内中,对传统家具、屏风或者摆设,配以具有现代气息的装饰墙面和门窗,再加上简约的沙发组合;欧式灯具和具有民族风情的壁挂,配以中国传统装饰工艺品和西方油画等,这种设计风格在今天被设计师称为“混搭”。在多元化风格不断涌现的今天,这种在现代室内设计中极力显现本民族个性和特征的表现手法,受到很多人的青睐。中国传统装饰元素在室内设计中所要体现的个性化、民族化以及世界化的特点成为一个值得研究的话题,个性化、民族化、世界化的设计理念在人们心目中因此也显得越来越有共识,事实上这也是对传统文化的扬弃所达到的一种共识。在现代室内设计中,可以通过传统装饰符号营造一定的文化氛围,在室内设计中若对传统装饰元素进行简单的选用可能会显得单薄、孤立和苍白,使得中国传统装饰元素在应用的过程中太过于生硬死板而缺乏个性。利用传统装饰纹样、装饰吉祥图案、民间剪纸等典型形式来体现传统装饰元素无可厚非,但是“标签化”的中国传统装饰元素并不能完全地体现出我们中华民族传统文化的底蕴,也不一定能体现出设计真正的“灵魂”,所以在达到元素共性存在的同时也要适当地展现传统装饰元素的个性化,展现自己独有的文化形态。如做某茶室的设计,在茶室隔断设计上,运用传统装饰元素中的云纹,在设计过程中将云纹再进行艺术化处理,不让它显得烦琐复杂,既能起到空间分割的作用,也能在心理上给人一种空气的流动感觉,具有艺术性。再放置中国特有的木雕工艺艺术品或者中国瓷器,结合现代设计手法在传统元素的设计中进行精炼的抽象概括,同时把现代流行元素也适当地融入其中进行整合、处理;在室内装饰色彩的应用上尽量用淡雅、朴素、能贴近大自然的色彩相配合;还可以配合其他元素,直接选用大自然的材料,如竹、小碎石、假山、流动的水等作为室内空间的装饰物。茶桌上的小灯选用藤球灯罩,在柔和的光线下投射出深浅纵横交错的影子，增添了一种别样的饮茶环境氛围，最好还配有古琴或者古筝，用音乐来激荡灵魂，显现一种崇尚自然、和谐、宁静、清幽、灵动的人文空间，让中国传统装饰元素以及不同质感的材料在环境中达到和谐统一。这样的设计既传递出一种特有的茶文化意境，也显示出了中国茶文化独有的特色，体现了个性，也得到了其他国家对中国茶文化的认同。因此，在选择传统装饰元素时要合理、精准，做到古今融合，推陈出新，这是将传统装饰元素应用到现代室内设计中体现个性化的重要方式；在设计中能阐释传统，又能跟随时代，既要保留一个民族所共同认同的东西，又要在其根基上进行合理的创新，结合现代审美理念，让其承载新的诠释，善于同现代设计理念交融，这样也是传统装饰元素在发展个性化的方式之一。

民族的才是世界的，这一理念已经得到了世界的共识，在现代室内设计中用传统装饰元素反映中华文化和民族精神，创造出具有民族特色的时尚元素，力求在设计中让传统装饰元素所体现的文化氛围与时代基调相一致，立足本土，面向世界。善于借鉴民族精华，古今和谐融汇，敢于吸收西方设计理念，不能滥用传统装饰元素，也不能理解为单纯的复古，这样才能逐渐探索出一条属于我们自己民族风格的道路，体现民族气息。传统装饰文化元素被不断地传承发展，与现代设计理念相互融合，营造出符合时代审美潮流的民族艺术形式来，就能更深刻地表达出中国人的生活理念和方式，将这种艺术形式推向世界，让世界了解我们中国的传统文化。在信息技术飞速发展的今天，新的思维方式、新工艺、新技术的不断出现为我们的传统装饰元素再设计提供了更多的契机。在具体设计过程中，合理应用中国传统装饰元素，中西合璧，达到个性化、民族化乃至世界化。同时也期望我们的室内设计走的是“民族化”而非“复古化”、“现代化”而不是“西洋化”的道路。在设计中，理解我们本民族的文化和审美，取其精华、去其糟粕，在传承中不断发展创新，取其“形”，延其“意”，传其“神”，应用属于自己的传统文化精粹，以现代化的设计语言来传达，让民族之精髓和世界的设计语言共同营造一种新的具有生机的室内空间，让中国传统装饰元素在共性中求个性，在个性中求发展，在发展中走向世界。民族的就是世界的，民族的就是时尚的。

第五章　中国民族元素在现代室内设计中的应用

第一节　民族元素在现代室内设计中的应用分析

一、室内设计中民族元素的相关概述

（一）中国民族元素的概念

随着人们生活水平的提高，人们对生活环境的要求也越来越高，有一些“回归自然”的追求。越来越多的设计师在室内设计中使用中国传统元素。要想更好地理解中国的传统元素，就必须了解中国的传统文化。所谓“传统文化”，是文明演化而汇集成的一种反映民族特质的文化，是各民族历史上各种思想文化、观念形态的总体表现。中国传统文化是为中国文化的发展而从民族传统文化中汲取建设性的内容，那些重要的内容被称为民族传统文化元素。

中华民族的传统元素在当今社会并不新鲜，这些元素很少被我们自己的设计师很好地运用，但中国有几千年的历史积淀，每一个时期的传统元素都属于中华民族传统元素的分支，被称为中国风。迄今为止，对中国传统元素的准确界定还没有一个明确而权威的解释，不同领域的研究者对中国传统元素有不同的解读。尽管到目前为止，中华民族的传统元素仍然是一个传统范畴，但其中所蕴含的中华文化核心概念已经得到了大多数学者的认可。总结中国传统元素的特点，有助于设计师更好地了解中国传统元素，知道如何使用，并传承下去。

（二）民族元素与现代室内设计之间的关系

不同时期的艺术设计风格都符合当时相应的审美风格，中国现代室内设计就是这样一种发展方式。随着时代的不断发展，探索民族性与现代性的完美结合已成为中国室内设计发展的主要任务。

民族传统元素是民族设计作品的重要体现，民族传统元素的融合是室内设计的表现方法。民族传统元素的运用来源于不同设计师对自身民族文化的理解。设计师将民族情感融入设计中，将其作为民族特色的框架进行创作，并运用所创造的艺术内涵来打动消费者。

1. 室内设计是民族传统元素的表现载体

一方面，无论什么样的设计风格，其设计成果必然反映民族文化及其时代审美价值；另

一方面,室内空间设计离不开时代的文化生产力。在室内设计中运用民族元素,可以很好地提高室内设计水平。任何风格的室内空间设计中都会带有相应的精神和心理因素。因此,不同的室内设计作品代表着不同的价值观和审美标准,呈现不同的民族传统文化。随着时代的不断发展,民族元素的传承和发展也面临着新的挑战。民族元素可以通过室内设计的载体更好地向世界展示其文化内涵,有利于民族文化的传承和发展。

2. 现代室内设计的灵感来源于民族传统元素

随着历史的发展和文化的进步,任何一种文化都是在时代变迁和外来因素的影响下,扬弃旧、引进新的产物,这是一种文化延续。中国传统文化是先辈留给我们的宝贵财富,是各族人民智慧和辛勤劳动的结晶,他们有自己的艺术特色。现代室内设计的灵感来源于民族传统元素,既体现了民族传统元素对室内设计内容的启发,又体现了民族传统文化的继承和延续。室内设计在很多方面都借鉴了民族元素,民族元素对室内设计有着非常深远的影响,并能为室内设计提供源源不断的灵感。

今天,随着我国现代室内设计的发展,我们应该摒弃旧的保守观念,民族传统元素在现代设计中的运用不能只停留在最肤浅的层面。具有民族传统元素的设计,不代表古色古香,而是民族文化的体现,是人们生活方式的体现,是民族凝聚力的体现。它代表着民族精神的继承和发展。

我们应合理地将民族传统元素和现代装饰方式相结合,使中国传统民族文化和现代室内设计和谐统一,使民族特色与时代感和谐统一。

3. 从思维方面借鉴

形象思维是影响民族艺术创作的重要因素之一。我们的设计师在设计时,能够将作品的创作思维融入中华民族传统的自然观、哲学和思维方式中,往往会产生意想不到的效果。室内设计是民族文化的有机组成部分。从横向上看,无论是哪种风格的设计,都具有特定的精神文化心理结构,是在一定的文化语境中发展和完成的,从而体现出不同的价值观和审美观念,反映出当时的文化风格。从纵向上看,任何时代的室内空间设计都与当时的生产力和文化息息相关。设计的形式来源于文化。根据丰富的历史经验,人们对传统加工工艺存在有着各种各样的印象。从这个意义上说,历史的设计就是设计的历史。传统的民族文化影响了室内设计。尽管一些现代设计师,特别是那些具有前卫意识的设计师,总是声称要抛弃任何传统,认为自己的作品是“非传统的”,但事实并非如此。即使是最“反传统”的设计师也必须以“传统”为参照来定义和诠释自己的思维。设计从来就不是单纯的个人行为,从媒介、语言和表现手法的显性传统,到设计认知的文化心理、思维方式和审美视角的隐性传统,都在有意无意中影响着每一位室内设计师。

4.运用民族符号作为装饰元素

中华民族凭借自身的文化底蕴和艺术风格，逐步形成了具有典型文化内涵的人物和图案，包括人物、植物、动物、图腾、几何符号等形象形式，以及一些流传甚广的典故、成语、传说、风景，以及一些传统的符号和组合。这些符号既有传统的符号模式，也有具有内涵和隐喻意义的模式，还包括古代传统图腾模式和传统宗教模式的符号。这些文化符号经过多年的发展，具有很强的历史厚重感和生命力。这些文化符号是形式与内涵的完美结合，我们应该用今天的设计语言来诠释和再现这种完美符号。在现代，这些符号仍然具有积极的现实意义。直接利用这些传统符号作为装饰元素，是用传统文化营造室内环境的有效途径。一般的运用方法有以下几种。一是抽象、提炼，即对传统形式的全部或部分进行提炼和抽象，其原则是在不丧失传统魅力的前提下，去掉传统形式，使传统文化在结合现代功能的基础上得以延续和发展。二是符号拼贴，其特点是将人们熟悉的传统成分加入其中，将其抽象、分割或转化为一些典型图案或符号，并运用到室内元素中，使新旧、今古有一定的联系。三是移植，就是要把一些历史文化嫁接到一个新的艺术形象中去。现代设计不仅要使传统艺术和文化得到全方位的运用，而且要利用现有的技术和工艺，对传统装饰艺术进行延伸和拓展。

5.体现富有文化内涵的陈设艺术

陈设艺术以传统文化为基础，将民族、地域文化与现代科技手段相结合，满足人们的审美需求和审美追求。陈设艺术以其悠久的历史、鲜明的民族特色和强烈的地域特色，在室内设计中发挥着重要的作用，使中国传统文化内涵更加丰富。由于历史、地域、宗教、文化、经济、风俗、环境等因素的差异，形成了多种多样的展示艺术，这是我国室内设计的一笔不竭的瑰宝。中国传统的陈设风格已经成为东方的一大特色，它包含着两个品质：一是庄重典雅的风度，二是自然优雅的韵味，象征着深刻超脱的精神意境。

陈设艺术在现代室内设计中的作用主要体现在：烘托室内氛围、营造环境情调、营造二次空间、丰富空间层次、软化空间、调节环境色彩、强化室内环境风格、体现民族特色等，通过表现、点睛之笔和提炼，本质上传达了一种内在的、深刻的、可持续的传统。比如，想要在室内展示一些具有原始情调的装饰品，增加自然意境，可以用红干辣椒或金黄的玉米串，或者用一束干麦穗、白芦花、手工蜡染布等，巧妙地加以装饰，将获得意想不到的自然美效果；又或者在墙上挂一些画，在画的前面摆一些盆栽植物和它们配对。虚拟与真实的结合，使人感到清新、舒适、视野开阔，有进入自然的感觉。风格高雅、造型优美、具有一定文化内涵的家具，使人快乐，陶冶情操。此时的陈设已经超越了自身的审美界限，赋予了室内空间以精神价值。中国文化崇尚自然，对自然持顺应、友好的态度，中国绘画展现自然风光。这种朴素友好的自然情怀体现在室内空间的处理和陈设设计上，就是将自然元素尽可能地组织到室内空间中。为了体现人与自然的和谐关系，有必要在室内构建一个越来越精致、和谐、完整的景观体系。开放式和半开放式空间是由花窗、门、挂等装饰构件构成的，将室外景观“借”入室内绿化植物和盆景作为室内陈设部分，从而增添更多的自然景观元素，中国传统室内陈设设计也力求表达特定场景。

（三）民族元素在室内设计中的应用形式

1. 材料的直接应用

许多现代建筑直接使用材料，没有任何过渡和处理。在室内设计中，传统的民族元素通过室内空间的封闭界面材料直接运用到室内设计中，通过材料的运用来表达室内所具备的民族元素空间。

2. 造型的直接应用

在室内设计中，不同的室内设计有不同的设计风格，民族元素的运用也不同。在图案造型方面，一些室内设计采用直接利用的方式，它是通过一系列的装饰画、壁画、挂屏、木雕、装饰线脚、建筑彩绘、整体装饰等方式来实现的，特别是酒店的大部分内墙都是用民族元素装饰的，这在造型的运用上是不同的。适合室内空间的民族元素有很多种，不同的民族图案都可以用来表现室内空间。

（四）民族元素在室内设计中的设计方法

1. 民族元素的提炼

在现代室内设计中，其设计手法大多以现代标准的形式进行设计，在人们面前展现出富有时代感和成功感的作品。在民族元素的运用上，他们大多摒弃了传统的肌理和图案形式，在此基础上，创新地对民族元素进行加工和提炼，通过点睛之笔赋予室内空间中的民族元素新的亮点。

2. 民族元素的简化、变形

经过一系列民族元素的变化和改革，人类在取得时代进步的同时，也对文化艺术有了更高层次的追求。因此，民族元素的产生具有一定的抽象性和变形性，但其象征意义始终与民族元素密不可分，简化和变形都围绕着民族元素展开的，但是以简化或抽象隐喻的形式出现，其目的是为了更好地适应时代发展和设计创新的要求，因此，一些室内设计师不再局限于中国传统的民族元素，而是在这些元素的基础上不断地简化和改造，力求做到民族元素与现代室内空间和文化氛围相适应。

3. 对民族元素的解构

中国民族元素在室内设计中的运用体现了民族元素的重要性，它在许多领域发挥了重要作用。从原始民族元素的产生到日益成熟的民族元素的运用，证明了民族元素的解构与发展，从最初的简单线条的形式发展到今天的创新应用与组合。

(五)室内设计摄入民族元素的重要性

室内设计是当今设计的主题,它所吸收的民族元素也是对中国传统文化的尊重。很多室内设计都会考虑在设计过程中引入民族元素,但不同的室内空间在民族元素的运用上采用了不同的手段,目的是让室内空间充满活力和文化氛围,为卧室增添一层特殊的魅力。虽然有些现代室内设计在装饰中没有运用民族元素,但摆放在空间中的各种物品或多或少地吸收了民族元素,如各种具有民族元素魅力的艺术品、衣柜中的民族元素图案、书画所表现的民族气息,对于在室内设计中吸收民族元素来说,最重要的一点是要尽量展现中国古老的文化内涵。无论是在室内空间还是在服装面料的各个方面运用民族元素,凸显其文化内涵都是重要的一环。

二、中国民族元素在现代室内设计中的提炼与运用

随着可持续发展战略性方针深入人心,人们逐渐开始不再热衷于富丽堂皇的装饰艺术,更多的是去崇尚一种简洁又温馨的室内风格、简单的室内结构、精炼的造型、恰到好处的装饰,用简单代替繁复,以简单明朗取胜,在简单中感受丰富。人们喜欢精巧的设计,我们可以在保留传统图案概念的基础上对其进行适当的简化;人们喜欢优雅的物体外形,希望不会有过多烦琐的设计,同时也渴望它们身上能承载着更多的历史文化,有着更多的文化内涵,并能够起到恰到好处的装饰性。民族传统图形元素在现代家具设计中的应用要体现出功能上的适量原则,室内中过多的装饰将难以使人们从原有的生活状态中放松下来。因此装饰图案的运用一定要设计得恰到好处,在不断演变的过程中能够满足人们对室内空间的要求。

(一)传统图案题材在室内空间中的运用

中国传统图案题材有其内在的历史意义。我们熟悉的许多吉祥图案,它们象征着良好的道德品质。我们发现传统的模式在选择主题时总是非常谨慎,例如,传统文化中的装饰动物有蝙蝠、鹿、喜鹊等,它们代表着传统文化中人们对幸福的渴望。然而,一些常见的动物在日常生活中并没有成为传统图案内容的一部分,因此,民族传统图形元素对主题的选择具有一定的意义,也体现了民族特色。而且,中国室内设计中使用的民族传统图案内容与西方装饰主题有很大的不同,同时也突出了民族性和地域性的特点。或者有梅花、兰花、竹子和菊花,在以植物为代表的传统图案主题中随处可见。这些植物图案的存在,不仅因为其美丽的外表而为人们所应用,还蕴含着中国传统文化的文化意蕴,选择它们来装饰环境可以称得上赏心悦目、锦上添花。

(二)传统图案元素在室内空间中的运用

在中国传统图形元素的纹样选择中,人们更喜欢那些寓意吉祥的吉祥图案,如长寿图、百富图等,它们在自己的构图中代表着一种美。比如明清时期,一些精致的龙纹、回纹、传统

吉祥图案等，很多纹样较好的图案会直接运用到室内设计中，很多几何图案可以直接提取和运用，当然也可以组合和提炼成简单的图案。此外，还有各种汉字图案，如福、寿、乐等，也可以直接应用到设计中。传统的装饰图案表达了人们的思想观念，将人们对美好生活的向往编织在这些图案中。

（三）传统图案意境在室内空间中的运用

中国民族传统图案是中国历史留传下来的产物，由于受到各个历史时期不同的行为规范以及制约条件，即使图案从形象上摆脱了自然原始形态的式样，但在整体上来看仍然较为复杂。因为某些传统图案堆砌，难免较为烦琐，与现代社会对民族传统图案装饰要求的简洁明快不太符合。现代的设计师对民族传统装饰图案的运用，其实就是想要抽取部分传统图案，参照现代图案的设计手法再进行进一步的提炼，将部分传统图案进行现代形式感的抽象与变形再造，依据民族传统图形原有的设计手法再进行进一步的组合，具体有以下几种方法。

1. 意象

理解事物的“本质”和“实质”，能够在这个外形上进行强化、修饰等，也可将传统图案通过意象化解决，取其精华、去其糟粕，弘扬最优秀的地方，保留具有传统特色的重要部分，也可以以现代人审美的标准来进一步地修饰。用现代设计法则加上现代构图方式来营造出极具现代设计感的设计，同时也能体现富有独特美感的传统文化设计。利用现代的设计手法与传统文化结合起来，有时可以进行一定的简化并加以提炼。设计作品大多数还是以线为主，意象化后的图形还是能表达原有意义，体现出比较明快的风格。

2. 简化

在一定的规则性中不去降低所有功能的前提下，剔除那些复杂性，把繁复的内容尽量简单化。在保留原有内容的韵味与精髓的基础上，删繁就简，去掉繁缛。

3. 变形

将那些夸大的造型进行提炼，将其惯有的、主客观的形象进行彻底的改造，这是图案意境在室内空间中运用十分重要的一个环节。如我们大多时候看的都是商周时期的纹样图案，那些造型经过了设计师的细节改造，使其更具有独有的特色。

中国民族传统装饰图案有着几千年的历史，早在文字出现之前，人类就开始用图形符号来表明自身的情感。从远古的图腾开始到后来的彩陶，然后是青铜玉器到玉雕，漆器、金银器再到泥塑、蜡染、漆画、剪纸等这些艺术品每一件都不乏样式精美。伴随着世界科学技术的快速发展，施工材料以及施工工艺也在不停地发展着，这些图案开始形成了中国民族传统装饰图案体系。它们的存在不仅仅是在文化内容上，还有情感以及社会文化上，与思想、道德、艺术、风俗、制度和伦理等都是密切联系着的。经过将客观形象以及色彩上的主观认识和自我需求用装饰的手法进行一定总结，采用夸张隐喻等手法从而取得全新的样式和意境，形成了一种可以用语言符号来传达给人们的视觉信息。

三、传统图形的历史演变

图形又叫作纹样，是人类文明智慧的集中体现。为了更好地完善自我、美化生活，满足物质生活的需求以及精神生活的交流，人们将图形应用到了衣食住行的各个方面，使审美思想在生活中得到了更完美的体现，从而在促进人类文明的提高和发展方面又迈进了一大步。

在中国传统文化元素当中，图形的应用可以说是包罗万象，如动物图形、植物图形、花鸟图形、神兽图形以及自然图形等。从历史上讲，同一图形在不同时期所呈现出来的造型都有非常大的区别，这一区别反映了不同历史时期的经济、政治、文化、技术以及人们信仰的发展方向。现代室内设计将传统图形融入其中，并将其作为重要的表现手法，从而显示出传统图形在现代室内设计中的重要地位。

原始社会时期，人类文化刚刚进入萌芽状态，文字尚未发明，但是这时的人们已经开始充分发挥自己的想象力和艺术才能，创造出了各种各样的纹样用于文身文面、美化生活用具，表现出乐观的进取精神和积极的生活态度。这一时期的图形主要以动物为主，呈现一种质朴的、原生态的面貌。

进入奴隶社会以后，由于实行暴力统治，因而象征着奴隶主“天命”神权的青铜器应运而生。为了显示统治阶级的权力，这一时期的图形多以狞厉雄奇的面目出现，其造型庄严稳重，而且图形与器物造型绝对统一。这一时期的图形设计题材多以变形的动物为主、云雷纹为辅，尤其突出了动物的头部和爪部，忽略了身体，表现出一种严峻狞厉的美学风貌。

到了春秋战国时期，奴隶制日趋瓦解，这时的人文思想活跃，出现了百家争鸣的局面，狰狞的青铜器图形被轻巧活泼的图形所代替，其中最具代表性的龙凤图形就充满了浪漫的气息。

秦汉时期是中国封建社会的上升期，国家统一，整个社会风貌呈现一种大气度，史称“秦汉伟构”。这一时期的图形题材更加广泛，尤其在建筑室内装饰设计方面更加明显。图形彪悍奔腾、动感强劲，充满了一种紧张的力量，显示出一种有容乃大的气魄，充分反映了当时的审美观和技术的力量。

南北朝时期为动荡的时期，并且这时候中亚艺术与佛教传入，因此对秦汉时期的室内装饰设计造成了很大的冲击，因而是中国装饰艺术的转变期。这一时期的图形出现了一系列的植物纹样，如莲花纹、忍冬草等。另外龙凤的造型较之前期也变得更为清瘦、宁静，并以方向性极强的线条作陪衬，制造出一种飞动的感觉，充满了宗教的气息。这是中国传统文化首次与外来文化发生碰撞，二者最终达到了完美结合，既显示了中国特色，同时又体现出强烈的时代特征。

隋唐是我国室内设计的全盛时期。这一时期的设计中出现了一些人情味很浓的图形，造型丰满、结构对称、色彩鲜艳。

宋元时期，经济发展迅速，出现了大量反映市民生活的图形。这一时期，由于受工笔画的影响，在室内设计中的图形应用更加精细、逼真。

明清时期是我国建筑及室内设计的鼎盛时期，无论是在建筑方面还是在室内设计方面，图形的应用较之宋元更加精细、规整。但此时的封建社会已经开始走向没落，因此，为了加强封建统治，在图形设计中开始注入了浓厚的封建统治思想，采取谐音、假借等手法，以图寓意并以此宣扬封建等级思想。

四、中国民族传统图形元素在不同类型室内空间中的表现

（一）在室内居室中的运用

人们赖以生存的室内生活环境是一个小型的聚集、休息和学习的人工环境。室内生活环境状况的好坏，将影响人们的身心健康。传统图形元素的任务是通过激发建筑内部的各种新的元素，创造出符合人类内在需求的室内物理环境。而且，在利用室内空间的基础上，我们还需要对其他空间环境做出更适当的调整，使其功能更加一致，外观更加美观。它能满足人们生理和心理的需要，也就是物质和精神的双重需要。在室内设计艺术领域，无论是从古代到现代，还是从东方文化到西方文化，我们所寻找的都是这些文化之间的紧密联系。我们应该能够把东方艺术的文化内涵作为一个巨大的宝藏，与西方现代室内设计的审美价值结合起来，增加其共同价值和艺术魅力。例如，可以参考商周时期青铜器上的一些图案和颜色组合，制作各种类型的装饰壁画，这些作品可以用在大堂或客厅，也可以用格子窗的图案制作符合现代人审美风格的雕花玻璃，并制作一些隔断图案。传统民族图案的面料也是很好的元素材料，沙发和布艺可以与这些面料搭配，充分体现装饰的重要性。我们熟悉黑色、白色和灰色的用法，在此基础上，运用绿色、朱红色构成符合时代感的室内设计主色调。还有很多民族传统的陶瓷器具和漆器可以被用来装饰我们的一些家具陈设，这也能给室内空间一种现代感的时代色彩搭配。

（二）在办公空间中的表现

合理的办公空间设计也是为了让员工拥有一个干净整洁、宽敞明亮的高品质办公环境，这也可以在一定程度上提高员工的工作效率。面对办公室的内部设计，首先要了解企业的内部结构和企业所包含的内部信息，因为每个行业的性质不同，办公室的内部布局也会略有不同。我们可以看到，许多办公楼的内部装修相当大气。在这个空间设计中，大多数人会选择明亮的室内风格，以突出企业形象，配合办公楼的整体外观。我们看到的还有行政单位和

科研设计单位设计风格大不相同。毕竟，传统的办公空间能够体现办公室的整体氛围，所以很多人会考虑办公室是否优雅，是否符合企业或公司的实力。室内装修后，还能突出办公室干净明亮的工作环境。从表面上看，现代设计中传统装饰元素和图案的设计类型与传统民族设计非常相似。此外，很少有设计师会在办公室里用自己民族特色的文化材料进行装饰。讨论和研究越少，就越难找到正确的切入点和契合点。事实上，你可以用一种形式来设计办公空间，而不是遵循规则，比如，在保留原有风格的同时，还要创造民族传统元素，弘扬地方特色，开放的室内空间环境可以激活工作氛围，让上班族爱上自己的办公空间。

(三)在商业空间中的表现

现代商业空间的表现形式多种多样，不具有方向性。一个好的展览空间设计可以达到调动参与者积极参与的意识的作用。随着人们生活水平的提高，我们去商业空间不仅是为了买卖商品，更是为了商业空间的室内装饰。因此，商业空间的商业营销环境也是店主赢得商品销售成功的关键内容，良好的室内商业空间设计能引起公众和顾客的关注。现在我们可以看到，很多大型商业空间布局华丽，其中大部分都有昂贵的室内装修成本，反映了整个空间整体的内在华丽效果，也有一些企业和个人没有这么大的资金链来打造过于华丽的室内设计。事实上，商业空间的整体环境美不仅仅是靠金钱支撑才能达到预期的效果。我们需要学会如何用更少的钱做更多的事，要节约，要把钱花在重要的装饰上，而不是简单地用金钱追求华丽。比如可以将丰富华丽的图案在民族传统图形元素中加以提炼和运用，从而达到良好的空间装饰效果。只要我们多思考如何运用这些文化瑰宝，就能得到理想的设计效果。

(四)在休闲娱乐空间中的表现

休闲娱乐空间是人们放松、获得快乐的场所。它也是人们在满足生理需求后，满足精神需求的场所。可见，一些公共娱乐场所的空间不再是简单的室内设计，而是与人们的需求息息相关的。人们开始关注工作之外的闲暇生活，也开始关注情感之外的自由空间。我们需要为不同阶层和人群设计休闲娱乐空间。在这样的环境中，人们不仅可以在拥挤沉闷的城市中放松自己，还可以拥有一个充满活力和乐趣的休闲空间。同时，人们还可以感受到休闲娱乐空间带来的文化内涵和文化底蕴。因此，随着社会的快速发展，人们对空间设计风格的需求将越来越大，生活方式的多样化将使人们对物质生活的需求越来越旺盛。我们对环境艺术设计的文化艺术需求越来越大，这使得人们越来越重视对民族传统文化的传承。因此，在环境设计中，我们仍在探索民族传统文化的这些元素，因为它们是设计中的重要元素。我们继承了民族传统文化的基础，创造了更为现代的室内设计，这不仅是文化的传承，更是文化的创新。它的存在不仅是一个新问题，更是一个需要我们这一代人去继承和应用的问题。

（五）在餐饮空间中的表现

餐饮的室内环境和空间设计是整个餐厅的灵魂。它不仅体现了餐厅的风格和风味，而且使餐厅空间有了自己独特的形式。它不仅要求餐饮的各项功能协调统一，而且进一步体现了餐饮文化的主题。餐饮空间设计的存在是为了使我们平时的餐饮环境变得越来越好，从而创造出不同的环境氛围。好的设计元素是提升整个餐饮空间主题的重要元素，是餐饮业把握时代脉搏的证明。餐饮业的营销成功不仅仅是食品的多样化，越来越多的人关注餐饮环境给他们带来的精神享受。因此，餐饮空间的室内设计对未来餐饮业的发展具有重要的作用。当人们来到中餐馆，不仅可以体验到中餐的味道，还可以感受到中国传统文化所营造的民族特色氛围。在中餐馆的室内设计中，总有一些中式桌椅、中式装饰、挂画、摆设等，各种装饰都有其独特的民族意义。在不同的历史时期，运用不同形式的民族传统模式，可以展现中国饮食文化的地域性和历史性特征。如前所述，人们追求吉祥图案，这也是中国传统文化特色的体现。中餐文化与中餐文化室内空间的整体结合，让更多的顾客在享受美食的同时感受到中餐文化的氛围。因为餐饮空间的经营层次是多样化的，自然包含着不同的民族、地区和文化，人们的饮食习惯甚至是不同的。一般餐厅的存在形式多为中餐厅、西餐厅、宴会厅、快餐店、风味餐厅、酒吧咖啡厅、中式茶馆等，但都有符合中式餐厅的传统装饰图案。

（六）在展示空间中的表现

展览设计中的展品需要放置在合理的空间中，这样才能更好地利用空间设计，使其更具实质性，更有生命力。展示空间主要是指展示功能，是通过一定的设计手法对设计空间进行规划和划分。一般展示空间包括博物馆展示空间、展览空间、商品展示空间、橱窗展示空间等，都集中展示物品的内容。虽然很多人主张展示空间必须清晰、简洁、干净，这样才能更好地体现自己的商品，但人们在满足功能的同时，并不愿意看到展示形式下冰冷的机械组合，而更希望看到充满人性的展示空间。同时，以地域风格和商品风格为突出特征，也是现代展示设计的宗旨。

第二节　少数民族元素在现代室内设计中的应用——以壮族和土家族为例

一、少数民族元素的概念

（一）少数民族元素的内涵

随着人们生活水平的不断提高，他们从满足基本物质需求转变为满足精神需求。越来越多的设计师在他们的设计中使用中国传统元素来满足人们的精神追求。少数民族的元素是中国传统元素的典型代表，是当今艺术文化的重要组成部分。室内设计中民族元素的继承和发展，不仅是对元素形式的简单复制和再现，还是运用现代设计方法将传统民族元素进行提炼、对民族元素的文化内涵和艺术形式的再创造。现代室内设计应充分重视少数民族元素与室内设计元素的融合，促进室内设计的进步与发展。

（二）少数民族元素对室内设计的影响

中国少数民族元素是历史文化中保留的精华部分，对设计师的思维、文化品质和审美态度产生了一定影响。而且，设计师通常从传统建筑的室内设计中汲取灵感。少数民族元素对室内设计的影响主要体现在文化功能上。少数民族的元素不仅具有装饰美化室内空间的功能，还具有可以营造良好的室内环境、给人们带来良好的精神体验的效果。

1. 物质实用性

少数民族的素材具有实用性，广泛应用于人们的日常生活中。例如，藏族有许多独特的元素，通常也包括几何元素、植物元素、动物元素和人物元素等。藏族的许多元素也被用于装饰服装和家具，不仅如此，这些元素在西藏室内设计中也被广泛使用。再如侗族建筑装饰元素也被广泛运用，侗锦的装饰纹样是该民族的文化象征，常通过现代设计手法将侗族元素融入现代家具设计和陈设设计中。

2. 精神功用性

少数民族的元素不仅具有装饰美化生活的实用价值，而且具有较强的精神功能，寄托着人们的美好愿望，传达了一定的文化信息，传承了民族文化。许多少数民族元素仍然保留着发展初期的内涵和功能，如驱邪、祈福、供奉、民族认同等，仍然保留着少数民族对世界和生活的观点。

二、少数民族传统元素的应用原则

1. 拒绝盲目的抄袭与模仿

在对现代室内设计作品的调研中，我们不难发现，作品中风格多样、形式花哨，但大多缺乏文化底蕴和文化内涵，设计师对民族传统元素的运用也大多只停留在对花纹和符号堆叠的层面，中国现代室内设计普遍缺乏代表性和原创性。所以，若要把民族传统元素应用在现代室内设计中，首先恰当地运用不同元素要在符合其文化内容的空间中，不是信手拈来什么符号都可以应用。民族传统元素经历了漫长的历史过程，这些元素中有精华，但也有糟粕，这要求我们在运用这些传统元素之前要做到对这些民族文化有充分的了解与调查，吸取精华，摒弃陈旧与封建的部分，最后总结出最符合现代审美与民族代表性的内容并应用到其中。另外，不同民族有着不同文化，不同文化有着不同内涵，它们各自所蕴含的精髓不是我们随意翻阅些资料就可以了解的。当确定好所要研究的民族元素时就要深入了解，不能粗浅地应用最表象的符号与纹饰进行装饰，这种设计必定摆脱不了俗套与落后的头衔。

在运用现代技术对其进行元素再创造的同时，应该注意遵循功能性法则，任何设计最终都是服务于受众。在满足受众功能性需求的同时，避免符号化的生搬硬套。设计的魅力不单展现于它带给受众的视觉冲击，更多的是设计背后的内涵，只有拥有了内涵，才能赋予设计本身更多的意义，才能在视觉冲击之下降低审美疲劳的发生，才能赋予设计更鲜活的生命。

2.室内设计需量体裁衣

少数民族元素在现代室内设计的应用，不是简单地拿来、拼凑，而是先要理解该民族的民族文化内涵、民族心理、民族文化等多方面因素后，根据受众的心理需求、对空间的体验，针对使用者量体裁衣，这里面不单包含着少数民族的元素融入，更需要考虑到空间的利用、人体的舒适度、行为习惯等多个方面。室内空间中特别是住宅空间是人们一天所待时间最长的场所，一个良好的、合适的空间氛围是能给受众直观反馈的，这对于长期居住的人来说，是一个重要的心理互动过程。设计师作为室内空间的魔法师、受众行为的规范者，量体裁衣是必备的职业素养。

3.重点抓住传统元素的精髓

中国民族传统文化对室内设计的影响与价值是不可估量的，即便在科技发展的今天，在人们审美水平与思想发生转变的今天，中国民族传统元素对室内设计领域的发展仍具有跨时代的意义。

要使民族传统元素恰如其分地应用到现代室内设计中去，需要设计师在对传统文化有深入了解与驾驭能力的条件下来进行设计。任何的民族文化都具有两面性，设计师在设计过程中要有所选择，秉着实事求是的原则，用发展的眼光看问题，抓住民族传统元素的内涵与实质，并通过大方得体不做作的艺术形式表现出来。一个真正意义上的创作是需要设计师脱离最表象、最粗浅地对民族传统元素的印象，去深入领会与理解这个民族最内涵、最精髓的文化，继而在现代审美意象的基础上，创造出符合新时代主题，并被大众所认可的现代室内设计作品，借此让民族传统元素得以跟随时代的脚步不断升华进步。

历史不会一成不变，而现代也不会全部革新。将传统的精髓融入现代的设计，是为了让设计变得更加富有生命力。将传统元素合理地运用到现代设计中需要设计师有优良的设计技巧。所以，要想设计出的作品经得住种种考验，作为设计师就应该不断深入学习专业知识和提高自身的文化修养，将设计真正地做到可以达到彰显民族文化底蕴的层次。

4.将传统与现代相结合

室内设计学科的发展离不开民族传统元素与现代科学技术的结合，这意味着把时代性和民族性对立地看待是行不通的，他们二者是共通与共存的，是不可分割的。设计师对民族传统元素的运用应建立在理解与再创造的基础上，要了解历史、更要跟上时代的步伐。设计不是单纯表面化的运用和抄袭，而是用最合理化的手段与方式使现代与传统完美地结合在一起，并以美的形式表现出来。

要将传统元素与现代设计合理地结合，就必须要突出时代的特征。首先，传统元素的应用必须符合该空间的功能需求，并合理恰当地运用到装饰中去；其次，传统元素的运用既要保持维护整体空间的和谐感又要能体现出时代气息，而不是单纯进行符号元素的堆叠；最后，要选择既有传统元素代表性又符合现代审美的装饰材料，且不能忽略新工艺和技术的应用。总而言之，现代室内的设计要以科学合理的理念作为前提，融入遵循设计规范的民族传统元素，才能构建出既符合现代审美标准，又不失民族凝聚力和归属感的室内设计作品。

如何在现代室内设计中使其再次复兴，发挥其地域性、民族性的装饰特色，首先便要善于打破。打破是将民族元素提炼，为其融入新的设计手法，根据现代审美理念，运用现代室内新技术、新材料，使其真正融入受众生活之中，在与时俱进的同时，不丢失传统的色彩，不丧失民族的精髓，不迷失自己的根之所向。设计师是受众的引领者，因此，对于民族性、地域性文化在设计中的表现方面，设计师就自身而言，便需要在民族文化方面多做探索和研究。

三、壮族元素在现代室内设计中的应用

（一）壮族传统的精神元素资源

壮族主要聚居于广西，其聚居区域地处亚热带，气候温和湿润、雨水多、土壤肥沃，为农耕提供了十分有利的条件。根据资料记载，壮族先民是最先开创农业、培育水稻的民族之一。一直以来壮族先民的生存和发展都主要依靠稻业，这也正是农耕文明和稻作文化产生的根本原因。

稻作文化是壮族农耕文明中的代表。壮族的各色节日风俗大多都是围绕耕作的，意在祈求风调雨顺与农耕的丰收。像在春节时广西德侧上族举行的“开光”仪式，是祈求这一年的五谷丰登、六畜兴旺。蚂拐节是壮族的另一个重要节日，在早些时期，各类诸如洪涝、干旱等自然灾害时常侵害到壮族先人耕作的土地，人们无法预测这些自然灾害何时降临，便只能通过观察青蛙鸣叫与雷雨之间的关系来进行推测。他们认发现每次青蛙鸣叫后都伴随着雷雨的到来，于是便将青蛙比作雷神的儿子，人们祭拜它们，以祈求大丰收。再如农历四月初八是壮族的牛魂节，人和牛在这一天都不工作。主人在栅栏外摆上供桌供品，将用枫叶水泡糯米蒸的饭团成团喂给牛吃，并点上香烛，用来祭拜牛魔王。在牛魂节这天，人们要整修牛棚，给牛清洗，不能打骂牛，并唱山歌来庆祝他们的节日。牛是人们耕作的重要工具，这也是为什么会有牛魂节来证明人们爱牛的原因。

壮族一年四季中有好多诸如此类的民俗特色节日，这些节日都离不开他们的农耕文化，

诸如“拜春牛”“吃母粽”“祭田塌”“开耕节”“祭祖开工”“祭田公地母”等。由此可见，壮族的民俗活动便是农耕稻作文化的缩影，同时也是壮族物质文化的核心，更是壮族传统精神元素的重要代表。

（二）壮族的信仰文化

受早期封建思想影响，壮族成为多神崇拜民族。曾有神话这样描述：“天与地分三界，雷公掌管天上，布洛陀掌管地上，图额掌管地下。他们各有分工，雷公的职责是播撒雨水滋养大地；布洛陀的职责是掌管世间万物的秩序；图额则负责看管江河之水。”壮族人由这样的神话传说演变成对雷神、布洛陀和图额的崇拜信奉。这其中值得一提的是，对布洛陀的崇拜诞生后，经发展已从民间神话转化为麽教经书，人们在举行法事时诵读，他们相信对布洛陀的崇拜可以驱鬼驱魔、求安求福、消灾免祸。布洛陀有广义和狭义之分，广义上是把布洛陀视为主神，是对自然的崇拜、对图腾和祖先的崇拜；而狭义上则是指以布洛陀为主神的民族信仰。

壮族人民认为他们所信奉的神灵会主宰一切万物生灵，万物皆有灵魂，神灵会保佑他们免灾免祸、生活安康。人们相信他们的神灵同他们一样也有喜怒哀乐的情感，为了求神灵降福于他们，人们载歌载舞，献上牲畜、祭拜神灵，以求功利。

若将壮族神灵按照属性和时间划分大致分为以下几种类型。

一是对自然的崇拜。壮族人民的生产生活离不开大自然，大自然给予壮族人民生产生活的必需品。人们崇拜大自然的神秘力量，因此将他们神化并祭拜，除前文提到的雷公、布洛陀、图额外，由自然崇拜神化而来的神灵还有山神、月神、树神和火神等。这些神灵的出现都离不开壮族人民对大自然的崇拜。

二是对图腾的崇拜。图腾崇拜是发生在自然崇拜之后的崇拜现象，大约产生于原始社会末期。它的出现大多源于壮族先人在危难时刻受助于某种植物或动物而转危为安，由此认定这种植物或动物保护了自己的族人，故将他们图腾化加以祭拜，祈求这些保护神庇佑世代族人安康。常见的图腾崇拜有牛、虎、鹿、青蛙、葫芦、竹子等。

三是对祖先的崇拜。这一崇拜产生于父系民族阶段，先人们在壮族人民心中的地位至高无上，他们为了后代的美好生活历尽千难万苦，壮族的发展离不开伟大祖先们的贡献。壮族人民相信祖先死后也不会离开，他们会尽自己所能庇佑家族的兴旺与安康。因而，族人们将祖先神化供奉，并将它看作氏族、部落的庇护神。直到现在，祖先神依旧是壮族家家户户供奉祭拜的神灵。

（三）壮族的民俗文化

壮族人民无论何时何地都离不开山歌，他们打心底里热爱唱歌，这也就是为什么他们的家乡被称作“歌海”的原因。自原始社会起，壮族人民就开始有了用唱歌代替语言表达的活动形式。这些民歌来源于壮族人民的生活并且已成为他们生活的一部分，民歌是壮族人民用智慧与汗水以艺术的表现手法将他们的生活同自然、同社会相融合的情感结晶。这些民歌从创作到完成再到发展与传颂已成为壮族人民的精神寄托，这更是我国传统特色文化中不可多得的艺术瑰宝。其中最有代表性的莫过于大家所熟知的刘三姐，聪慧、勇敢、美丽的三姐被称颂为歌仙，她常常用唱山歌的方式歌颂自然，披露地主阶层对贫苦人民的欺压，虽得到大家的喜爱与尊敬，却也触怒了统治阶层，在他们的压迫下三姐无奈四处躲藏漂泊。她的故事被拍成了电影，人们世代歌颂她的美名。人们为了纪念她，还为她建立了祠堂。“三月三”又称“歌仙节”，就是为了纪念刘三姐而创立的节日。

壮族人民在很长一段岁月里都没有属于自己民族统一的文字，因此他们只能采用方便记忆且生动、容易掌握地唱的方式来进行情感上的交流，这样的方式不仅给人以美的听觉，还起到了最通俗的传颂民俗知识的作用，因此广为流传，形成了一种特殊的民族交流方式，像“尚越声”“自幼习歌”的民俗早在战国到秦汉时期就开始盛行了。壮民喜好唱歌，以歌代言，这种习惯也影响到了壮语的创造，壮语被分为八个声调，这个特点就离不开壮族人所赋予它的音乐性。

壮族人民主要依靠唱歌来进行情感的表达和交流，这个方法同样也被应用在学习和生活中。这就是为什么壮族的山歌可以传唱至今不消失殆尽，原因离不开他们的生活习惯和文化背景。刘锡蕃在《岭表纪蛮》中说过：“无论男女，皆认为唱歌为其人生之首要问题。人之不能唱歌，在社会上即枯寂寡欢，即缺乏恋爱择偶之可能性，即不能通今博古，而为一蠢然如豕之顽民。”就是这样的理念使得壮族社会形态发展成以歌代言的生活习惯，无论是节日庆祝、寻求配偶、情感交流，还是一些文娱活动等，皆用唱歌的形式表达，正因如此，在这样一个背景环境下，诗歌文化迅速发展，歌圩文化也由此而生。

在这样的民族文化习俗要求下，壮族人在少儿时期就要学着传唱这些歌谣，通过传唱了解本民族的历史和文化，从而达到继承习俗的目的。对歌曲的掌握程度便代表了对民族文化掌握的程度。

对于壮族人民来说，山歌不只是茶余饭后或节日庆祝的娱乐消遣，更重要的是它已经成为壮族人极具代表性的文化传承方式和民族文化瑰宝。壮族人民用智慧和诗性将他们的生产生活同美妙的歌声汇聚在一起，并在家乡、在中国乃至世界传唱歌颂。因此，山歌文化在壮族传统文化中极具代表性和有着极大的文化价值。

（四）壮族传统的物质元素资源

壮族是一个极富诗意和民俗代表性的民族，这样一个民族在岁月的长河中同样创造出了丰富多彩且具有装饰文化的物质元素。以下是对这些物质元素资源的简要分析和概括。

1. 建筑类元素

壮族的民居很有特点，根据外形特点大致可分为干栏式与院落式两种。干栏式建筑是早期壮族人民为了适应潮湿多雨且多猛兽的自然条件而创造的建筑类型。一般都是人住在楼上，而下面是空的，用来圈养一些家畜。这样建房子一是可以通风、干燥、防潮湿，住起来舒适安全；二是可以防止家畜乱跑乱跳，保证家畜的安全和村寨的卫生环境，同时这些家畜的粪便正好可以用作施肥。干栏式建筑通常分布在离城镇较远不方便乘车的偏远地带，在城市发展的今天，干栏式建筑已经非常少见，但壮族仍有一些山区保留并延续着这种建筑形态。

按照干栏式建筑的结构类别大致分为全楼居高脚干栏、半楼居干栏、低脚居干栏、地居式干栏等几个种类。全楼居高脚干栏是迄今为止还存在的、历史最久远的一种干栏式建筑，多分布在广西北部、中部忻城和南部靖西等地。它的框架结构完全由木头制成且呈高脚楼居形态，是在山坡上建立房基，在竹篾上涂泥做成墙。房屋分上下层，上层住人，有大门和门廊，生火做饭的地方一般在住的屋子右侧的房间；建筑的下层则用来放置杂物和圈养牲畜。它们最大的特点就是最左边和最右边的房间前端都有两间面积偏小的房间，这种房间被称作耳房，用来放置杂物或者供小辈人居住。半楼居干栏一般都建在陡坡上，房屋前端为高脚干栏式，底部为被立柱架空的形态，而房屋后的两个柱子则是立在高脚干栏住人的二层楼台面上，大约高于这个台面两米左右，这个屋子就形成了四分之一是地面，而其余是楼板的格局，所以被叫作半楼居干栏。关于低脚居干栏和地居式干栏等种类，这里不做赘述。

院落式的民居一般多处于比较缓和的平原地带，这种民居一般都是融合了汉族的院落式而演化出来的。迄今为止，院落式房屋在壮族民居中是最为普遍的。这些房屋既有平民百姓的宅子，也有大官的宅院。一般的民居是三高两矮的形态，这种民居只有前院，且正面还是设有两间面积较小的房间。每间房各有四间卧室，右边的后房给儿媳，前房给父辈。左边的后房给父辈，前房给还未结婚的儿女，且这两间厢房都设有用来储备食粮的阁楼，中间的大厅没有阁楼。

为了使建造的房屋具有意境和美感，壮族人喜欢在建筑的门窗、柱头和脊梁等部件的装饰上或是用雕塑，或是用绘画，或是用凿刻等形式来进行装点，使建筑不仅满足了人们的审美需要和精神信仰，又不失秀美与古朴。壮族人民对传统建筑艺术的巨大贡献体现在他们将民族传统文化的特色用艺术的手法展现在建筑上，这反映出壮族人民对美好事物的追求与创造意识，是中国民族建筑领域的灿烂文化与艺术瑰宝。

2. 青铜工艺类元素

壮族的铜鼓文化是青铜工艺中最具有代表性的文化，这种青铜器既可当作礼器又可作为乐器，铜鼓文化在漫长的历史岁月中无论是从功能角度还是艺术角度来说都扮演着十分重要的角色。铜鼓文化发展到今天大约有两千六百多年的历史，主要分布于广西、云南、贵州、海南、广东、重庆、湖南、四川8个省市。铜鼓覆盖南方及东南亚地区的文化和历史，所以研究铜鼓文化具有很高的艺术价值。民间有这样一句话来形容铜鼓：当你读懂了铜鼓，也就意味着你读懂了壮族。由此可见，铜鼓已成为壮族人民心中不可或缺的重要组成部分。

铜鼓在中国广西、广东、云南等省有大量出土记录，数量多达1470多面，这些乐器多为居住在当地的少数民族所使用过的。但这些对于铜鼓古物来说只是微乎其微的一部分，如今，铜鼓在瑶族、布依族、壮族、水族、土家族等民族中依旧被留传和使用。不仅如此，在泰国、缅甸和马来西亚等国家也出土了大约两百多面古代铜鼓。

一般的铜鼓鼓面直径多在1米以上，高约0.6米，重达100斤以上。外形敦实高大、朴实厚重且呈圆墩状是铜鼓的主要特征，圆是铜鼓的主体造型元素，铜鼓的鼓身、鼓面、鼓足等部件都是围绕圆这个形态所构成，不仅如此，在鼓体上也装饰了很多以圆为造型的纹饰纹理，给人呈现以饱满、圆润、柔和一体的视觉效果。铜鼓的造型选取圆作为整体设计元素，一方面是为了满足人的审美需求，而另一方面则是为了满足它的功能性。无论铜鼓有多少其他附属功能，音质的好坏对于铜鼓来说还是最为重要的。所以，工匠们以实用功能为主，造型装饰为辅，将艺术与美有机和谐地结合在一起。铜鼓的长宽高比例是根据黄金比例来设定的，在侧面看铜鼓其实是有很多弯折的线条的，又大又宽的鼓面在中心铸成外凸的芒状线，为的是使鼓面音色均匀且可以长时间抗敲击而不损坏；鼓胸是凸出的，而后向内收缩呈现弯弧的形状，这样就可以增大鼓胸内部的弧形空间，使鼓的音质达到浑沉、悦耳的效果；鼓腰内凹，而鼓足外移则是为了使鼓体平稳，同时具备可以向指定方向传送声音的作用。因此，敦实高大、朴实厚重、张弛有度、庄重威严是这个时期铜鼓给人的总体感觉，它极高的审美价值及功能价值体现了壮族人民对美好事物的追求和对神灵的崇拜。

铜鼓的纹样很多，但含义一般都离不开壮族人民的生产生活。首先说鼓面纹饰，纹饰的纹样一般以天空中包含的形象作为参考，譬如在鼓面的中心有凸起的太阳纹，太阳纹体现的是壮族人求光求雨求丰收的心愿，它不仅是以艺术美的形式表现人们对自然的崇拜，同时还起到了便于打击、防止鼓面凹陷的实际作用，太阳纹的外面有光环、星星、云彩和鸟兽。而鼓身的纹饰一般则以大地所包含的形象作为参考，如船纹、鱼纹、人物纹和鸟兽纹等，鹤纹属于鸟兽纹的一种，常被人们当作是预测天气的依据，这些纹饰实际上都是对大地景象的反映和体现。

由此可以看出，壮族工匠们用智慧和纯熟的技巧将精美绝伦的纹样图案刻画在铜鼓上，它的别致与精湛是令人惊叹不已的，它更是凝结了壮族人民的深厚情结。铜鼓文化是壮族人民的，更是世界人民的，它的精彩是我们今天所无法复制的。这意味着我们应该更加继承、发扬和保护这些民族文化遗产，相信在未来，铜鼓文化必将绽放绚丽的色彩。

3. 织绣工艺类元素

壮族织绣工艺中最具代表性之一的就是壮锦，据传它的源头可以追溯到宋代。这是一种选用丝与棉线相互交织完成的色彩鲜明、图案生动的手工工艺艺术，这种技艺是壮族人民有智慧、有生活、有情感的艺术体现，它与蜀锦、云锦、宋锦被称为中国四大名锦。壮锦也被叫作僮锦，图案是它的重要组成部分，有美化的作用，这些图案大多为对比强烈、风格粗犷豪放的几何形状，这些图案经历了从简单到复杂、单色到多色的演化过程。

原始壮锦一般是选用传统手工织机进行编织，传统织机也被叫作竹笼机，之所以有这个名字是因为用花笼起花是它最大的特点。壮锦的编织是以棉为经，以丝为纬，用通经断纬的方式编织成正反面对称的工艺品。这个方法被称作三梭法：一梭为起花纬，二梭为地纹纬，三梭为平布纹，用这种方法织出的壮锦工艺细腻，精美耐用。

总结起来壮锦的纹样基本分为三种：第一种是二方连续或四方连续平纹编织出的几何纹样，样式比较轻松淳朴；第二种是将大小不同、形状各异的几何图形有节奏地穿插在一起形成复合图形，营造复杂和谐的美感；第三种是将动植物的图案叠加在几个纹理上，营造富有层次感且清晰立体的效果。几何纹样占绝大部分的原因则是由于工艺技术的限制，太过复杂丰富的图案无法完成，但正因为如此，壮族人在有限的图案样式中发挥了无限的想象，以生活及自然元素为基础进行夸张的提炼和变形，使得这些纹样比起原始的形态更有韵味与价值。同心纹、弦纹、云纹、蝴蝶纹、鸳鸯纹等是壮锦比较有代表性的纹样；颜色多为纯白、大红、翠绿或黑，并在这些底色上选取亮色的花纹样式形成对比，在明艳的同时又有大方沉稳的底色做陪衬，更显得明快得体。

壮锦的图案千变万化，但无论是什么纹样都十分精美，具有民族代表意义。它们是壮锦最重要的组成部分，是壮族人民用勤劳和智慧将美好的自然生活高度概括而产生的审美产物。它代表着壮族人的民族信仰和崇拜，也代表着壮族人对美好生活的无限向往与渴望。

4. 印染工艺类元素

各民族之间有区别于其他民族的特点与符号，因此所呈现的视觉感受也不尽相同。这些特点的产生与发展都建立在人类生产生活中，与神话、历史、语言息息相关。社会文化的交融固然带来新兴文化的冲击，但是不同民族都会在继承和发展中积淀属于自己民族的文化元素，使其具有本民族的代表性。壮族的服饰艺术在印染工艺中十分具有代表意义，这些服饰千姿百态却始终如一地保持着固定的基本色彩。它是壮族人民智慧与勤劳的结晶，是民族情感与民族审美的体现，它的色彩语言是最直接的感性表现，它蕴含着壮族人民对美好事物的追求和情感。

色彩是壮族人民十分重视的因素，他们对颜色的运用十分谨慎与考究。老话说得好“靠山吃山，靠水吃水”，不同民族地质环境不同，对他们的审美所产生的影响和制约也自然不同。壮族是以稻作文化为重心的民族，它的一切生产生活都围绕着耕作，因此田间的自然风光对他们在颜色选择上有着很大的影响。壮族人民各地区的颜色倾向各不相同，正因为这样的特点，人们可通过颜色来判断这是什么地区的人。像那坡的壮族人因喜好黑色，被称作黑衣壮；龙胜的壮族人喜欢白上衣，被称为白衣壮；接壤的壮族人中的妇女喜好蓝色。这些服饰都是由纯天然的色素所染成，像枫叶、线叶等都是他们比较常用的原料。出于对美更高层次的追求，壮族妇女们在摸索过程中创造了新的工艺——蜡染法。用这种方法所制造出的蜡染布料不仅色泽鲜艳，还精致典雅，深受大众的喜爱。由此可见，壮族人对于美的追求与探索是孜孜不倦的。

壮族人民的衣着颜色大多以蓝黑为主，究其原因，大致有这样几点。第一，在封建社会的影响下，土司制度盛行。颜色用来表明人的等级贵贱，不同朝代对于官吏和普通百姓的服饰都是有严格要求的。清末时期，那坡地区就有“壮族普通百姓只可着黑蓝色衣服，官吏可着缎料，书生可着白色或灰色衣服”的规定。在这一规定的影响下，壮人服饰的颜色便以黑蓝为主。第二，受稻作文化影响和生活条件水平的局限，实用功能被壮族人放到了首位，他们取之于自然，将大自然赋予他们的植物提取汁液元素用来把布料染成黑色或者蓝色，一来可以在农耕过程中起到耐脏的作用，二来又可以与大自然的整体色调相顺应而不突兀，取黑色与蓝色更显现出壮族人的朴素大方和端庄，三来壮族人打猎穿蓝色或者黑色的衣服也可以有效地隐匿在树林中不被猎物发现。因此蓝黑色很大程度是受当时壮族人的生活条件影响。第三，是与他们的民族信仰有关。有传说称在一次战斗中，一位首领用蓝靛草治好了自己的伤而得以幸免，并最终带领队伍取得胜利。因此他认为蓝靛草是幸运之物，可以给人们带来安康和吉祥，所以他让全族的人都穿上了用蓝靛草染的黑色衣服。传说往往深入人心，形成一个民族的集体信仰，黑色由最初的幸运吉祥之物慢慢演化成神圣美好的象征，这体现了壮族人对黑色的信仰与崇拜。

由此可见，壮族的织染艺术来源于壮族妇女的智慧与辛勤，它的特点与壮族的地质环境、历史文化都是息息相关的。想要合理地运用壮族传统元素单靠表面的理解是不够的，深入研究解析他们的文化内涵是十分必要的。

（五）壮族传统元素在现代室内设计中的应用价值

1. 注重人与自然和谐共存

通过对前文的介绍与分析，我们不难发现在壮族那文化的背景下，注重和谐自然的绿色理念是他们一直都坚持的。壮族人民崇尚自然、爱护自然，讲求天人合一的审美原则，他们始终坚持人与自然要相互尊重、和谐共存。这一理念与当今倡导的绿色环保设计理念、提倡和谐发展的思路不谋而合。

壮族人民无论是在生产还是生活中，无一例外地体现着人与自然相互依存的生活状态，这在本质上其实表现出了壮族人民热爱生命、热爱万物的思想意识，反映了人与自然和谐共处的绿色观念。但是，一切事物都有两面性，这种自然文明孕育出的那文化既有其和谐、沉稳、朴素、绿色的一面，同时也暴露出一些缺点和不足，经历了漫长的封建社会制度，那文化中也包含被动、老套、保守的观念，这与当今飞速发展的现代化是相斥的。这要求我们不能盲目追随民族化的影子，而是要去其糟粕、取其精华，将那文化中主张人与自然和谐共处的自然观保留下来，创造和谐的生态发展模式，并且剥除老的、陈旧的、封建的思想观念。这样，不仅有利于我们每个人的生活，更有利于整个社会的发展。

2.注重提炼传统元素的艺术特征

壮族人在取材的过程中最大的特点就是取之于自然，用之于自然。这常常体现在像造房屋时选取的木材、印染时选取的天然染料、编织时采用的藤条等。这些材料大多来自壮族人日常生活中最常见的植物，它们与气候、环境、湿度等因素有着最直接的联系，因此这些条件也最直观地影响到这个地区的建筑设计风格、色调和造型等，整体呈现简单、朴素、自然的风格特征。

颜色的运用在壮族传统元素中是十分被重视的，也非常有讲究。拿壮族人民的服饰来说，他们喜好使用鲜艳的颜色，用色十分的泼辣大胆，颜色种类虽多，倾向却很明显，每一种颜色都代表不同的含义。尤其是壮锦的图案千变万化，样式别致、风格独特，人们喜好将对比强烈的颜色混合搭配在一起，形成视觉上的冲击，所呈现的颜色鲜明艳丽。这些来源于对自然艺术特征的提炼，以及进行解构与重组之后地再提炼，都是可以运用在现代室内设计中的。

四、现代室内设计中可运用土家族元素资源分析

（一）抽象元素——精神元素

抽象元素意指精神元素，它包含土家人的生产生活文化、宗教信仰文化、伦理文化与“梁”上文化等，此处主要阐述的是这四个方面，以此来概括土家族的精神文明元素。

1.生产生活文化——勤、隐、敬

土家族的生产生活文化可用三个字来概括：勤、隐、敬。勤是土家人在生产生活中的勤劳务实；隐是土家人对于生活智慧的一种真实写照；敬是土家人对于自然发自内心的敬畏。

于勤。土家族主要聚居于湖北、湖南、重庆、贵州交界的武陵山腹之地，由于过去经济落后、交通不便等方面的原因，土家人在很长一段时间里仍过着归园田居、自给自足的山村生活。每到播种或者丰收的季节，土家寨子里只要有务农能力的人都会结伴进山耕种、打猎。长久以来，土家族以农耕为主，狩猎为辅，很少发展工业，水稻、油菜是其主要的农作物。时至今日，仍有部分土家族人过着归园田居般的农耕生活，他们在种植养殖产业中，以柑橘、猕

猴桃、柚子、桃子为主要的水果种植业；以鸡、鸭、猪、牛为主要畜牧业；以烟叶、油菜、棉花为主要经济作物。土家人好群居，在山坳中一村村一寨寨地世代居住，在他们的族群部落中，除了满足温饱需求外，生活需求也融入到村寨中，伙房、产房、军事指挥所、兵器房、织布坊、银匠铺、铁匠铺、碾坊、榨油坊、寨主楼、粮仓等种类齐全。曾经的抗日战争时期，湘西山区作为湖南唯一一片没有被日军涉足的土地，这主要是因为三方面的原因：一是因为这里的地势险峻，易守难攻，四面环山；二是来源于土家儿女英勇抗战、有勇有谋的彪悍民风；三是因为土家人自给自足的生产生活方式。

于隐。武陵山区是以武陵山脉为中心（包括山脉也包括其中的小型盆地和丘陵等），江河深层切割，冲击成一些肥沃的平坝，易于农耕，但毕竟山多田少，因此平坝极其珍贵。民居择地，都必让出平坝，只能占据山坡。土家族先民在生活中亦是极具智慧，而“隐”这个字得以概括出土家族人在生活中的高尚品德。它一是反映了土家人不落俗套的心境，二是反映了土家人因地制宜的智慧，三是反映着土家人对和谐美感的追求，四是反映了土家人对生态秩序的遵守，这四者是交相呼应的。土家族民居文化代表——吊脚楼，便很好地诠释了土家族的“隐”文化。

土家吊脚楼大都依山傍水而建，完全在顺应地形地貌的前提下建造，绝少重新开山辟土地，损坏原有的地形地貌，其材质直接来源于大自然的林木之中，因此这就使得其建筑能够和谐地融入自然环境之中。土家吊脚楼的建造注重尺度、材料、质感、寓意，可是它却并不死板地分布于山间河道边，它没有明确的对称布局形式，但或许正因为这样，它格外充满浪漫主义色彩，不刻意、不肆意，一村村一寨寨犹如世外桃源般存在，它如诗如画般追求写实、注重写意，看似随性而为却又不肆意妄为。

于敬。土家族人敬畏自然。在土家人的观念中，自然不仅仅是一个纯粹的物质世界，供人类索取，它更是一个集天地灵气的大世界。他们相信万物有灵，他们敬畏大自然，敬畏天、地、山、河、树、石、风、雷……因此他们敬奉神山、神林、神兽、神石等自然崇拜物。土家人避免一切对自然造成破坏的行为，他们深信，只有敬畏自然、崇拜自然，与自然和谐相处，才能得到平安与幸福。在湘西这片土地上，土家族常以山地聚落、平地聚落、临水聚落为主要聚落形态存在，例如，永顺县老司城、双凤村便是山地聚落的建筑集聚形态；张家界市永定区王家坪镇石堰坪村便是平地聚落的建筑集聚形态；永顺县芙蓉镇王村便是临水聚落与山地聚落的建筑集聚形态。不论是何种建筑集聚形态，都能从土家人身上感受到他们对自然的虔诚之心。他们将土地视为生命最初的源头和最终的归宿，土地在土家人眼中不单单是一种物质资源，它是赋予大自然生机，抚育、支撑和执掌人类生命的万物之本，它孕育了生命，孕育了文明。因此，直至今日，在一些土家村寨中仍能看见祭拜土地公的庙宇。现今，在丧葬文化中，土家族也是为数不多能够享有土葬权的少数民族，这或许也是土家族人将自己回报予大地的一种虔诚之态。也许，从现代科学的角度来说，这样的敬畏观念是一种落后的思想，但也正是因为土家人充分尊重、敬畏自然的思想使得湘西这片土地至今充满神秘。那里不但完好地保留了大片的原始森林、原始次森林及各种珍贵的国家级保护动植物，更将世界上唯一的、最大面积的、以中国地名命名的地貌形态——张家界地貌呈现于世界面前。在提倡可持续发展的今天，土家人对自然的尊重之态应被世人学习，土家人在建筑方面的预见性亦值得被现代人学习，大到自然环境、小到室内环境皆是如此，特别是在这样一个因为人类过度开发、破坏而导致生态环境失衡，因为建筑、室内等固体废材而导致建筑垃圾泛滥的年代。

2.信仰文化

(1)巫神文化

在土家村寨中，活跃着这样一群特殊身份的人，他们地位特殊而且充满神秘感，他们便是土家族的神人使者梯玛(本地语叫老司)和超度亡灵为死者解罪的道士。

梯玛是土家语的特定称呼，汉意为“不得了的人”。它起源于原始社会前期，由于人类对自然、对事物本质认识的局限，梯玛便意味着是能带给族人风调雨顺、繁衍子嗣、窥探命运、驱邪治病的神。因此，每当在土家族大型节日与祭祀的场合中，梯玛总是担当着每场活动中的主角，成为与神灵沟通的使者。梯玛有自己独特的服装要求，但由于地区文化之间的差异，梯玛存在着很多派别，如湖南龙山县的拉西酮派、古丈县段龙乡的田家酮派等，可万变不离其宗，其服装用具大都相同：开胸对襟的红色长衫、矮领的法衣；红、黑、白、蓝、紫等八种颜色缝制的八幅罗裙以及绘有八部大神神像的八角凤冠，这是梯玛三个不可或缺的元素，在土家人眼中，这些皆是有特殊意义的，红色法衣表示对各方神灵的尊敬，八角凤冠与八幅罗裙则是帮助梯玛参拜神灵的神器，梯玛主要的道具有牛角号、八宝铜铃、长刀、丝刀等。在土司时期，在政治的帮助下，梯玛的神权达到了巅峰，大到土家村寨的祭祀、祈福，小到村民的占卜解难，梯玛无一不管。[①] 直到后来由于“改土归流”等历史原因，梯玛的权力渐渐缩小，有的仅主持宗教仪式或者兼作“土医生”。时至今日，在湘西土家族地区仍然流传着梯玛文化，它虽是宗教迷信，但不可否认的是，它是组成土家族民族文化的重要部分，在湘西自治州博物馆便设有专为展示土家族梯玛文化的展馆。

一方面，道士于土家族丧葬中扮演着超度亡灵为死者解罪的角色。在现今湘西土家族苗族自治州仍保留着为死者做道场超度的习俗。道士布置道场期间，会将死者棺木放置道场之后的灵堂，在其棺木下方放置油灯，点燃灯芯，灯芯草象征着死者的灵魂，它会伴随死者在灵堂的三天，这三天中必须保持着油灯长燃不灭。道士作法期间，会道出与死者出殡相冲的人、事，在殡葬期间会避免一切与死者相冲的人出现于灵堂中，灵堂里亲人们随着道士的

① 彭晓青.土家族巫师——梯玛及其传承[J].青年与社会，2013(3)：240－241.

指挥发泄着心中的悲痛，鞠躬、下跪、哀啼都有一定的讲究。道士会提前算好死者下葬的吉时，并于此时出殡落葬。落葬期间，道士会杀死一只雄鸡，用鸡血祭祀，封棺落葬，在棺木下葬后，亲人在道士主持下铲下第一铲土，之后众人便开始掩埋。掩埋期间，死者的后辈子嗣会长跪于墓碑之前，用孝布接下道士撒出的大米与硬币，目的是在完成整个丧葬过程后，由死者的亲人将接到的大米在死者的安葬处与通往死者家之间的路途中不断地洒落，寓意着死者在头七还魂的那一天能够找到回到自己的家，那也是家人最后的团圆。而留下来的硬币则被放入米缸，寓意着死者的祝愿，保佑家人富贵吉祥。另一方面，道士充当着为土家人择屋选地看风水的角色。土家吊脚楼在建造时追求"道法自然，天人合一"的观念，通常土家人在选择修房场地时会预先请道士看好风水，他们多喜视野开阔、依山傍水、坐北朝南之地，由此可看出土家人十分注重住宅的选地。

(2)诸神信仰

土家族没有统一的宗教信仰，他们主张多神崇拜，信奉多种神明。他们相信"万物有灵"，山有山神，河有河神，火有火神，树有树神，因此，每逢重大节日，土家人都会举行隆重的祭拜仪式。在湘西土家族地区，土家人的神大致可分为三大类，一类是传统的神；一类是传奇人物；一类是民族英雄。分别如白虎神、土地神、山神这样传统意义的神；覃后王、向王天子这样传奇人物的神；土司王、八部大神这样的民族英雄。而在这些诸神之中，白虎、祖先则是土家族诸神信仰的关键词。

白虎是我国远古时期四大图腾中的战神。永顺、龙山、来凤等地传说白虎有两种，一种叫坐堂白虎，一种叫行堂白虎。坐堂白虎，坐镇厅堂，威风凛凛，是要"敬"的；行堂白虎，破门而入，凶恶无比，是要"赶"的。在土家人眼中，白虎是他们象征着力量的图腾，他们以虎为父，因此，在土家族地区有不少类似白虎山、卧虎洞等带有虎字的地名，也有不少妇女为自己的孩子添置虎帽、虎鞋以求白虎庇佑，孩子健康平安。

在土家人眼中神灵大都与祖先相关，他们对祖先的崇拜源于他们相信祖先会庇佑他们的子孙。在湘西土家族地区，对于祖先的崇拜大多分为以下几类。土王崇拜，土王是湘西的土司王，土家人相信土王死后会化身为神，因此，他们敬拜土王，祈求庇护。现今，在湖南永顺县双凤村、王村等地，仍然设有土王庙或土王祠来供后世敬拜。在土司统治时期，彭、田、向三大姓认为土王庙就是家庙，对其他姓氏而言，则为族庙。每逢过年过节，都祭祀土主、土王，正月初一至十五举行的"摆手"祭，最为隆重。八部大神崇拜，在湘西土家族几个著名地区，如永顺老司城建有八部大神庙，是年节盛会群众祭祀游乐之处。八部大神指曾经在土家族迁徙中做过贡献的八个弟兄，他们分别是土家族八个部落的酋长。

土家人的崇拜观并非全反映出他们对科学、对自然认知的落后，从另一个角度来说，这是种灵性思想意识的表现，它反映出土家人内心的真、善、美，以及对万事万物索取与回报的价值观，这样的感恩之心、与自然环境的保护之态是我们设计从业者所必须学习的，是设计的一个健康的出发点。

3. 伦理文化

土家先民对道德修养、长幼尊卑、礼仪伦常等都极为看重，这一点不仅在诸神信仰中有所表现，在土家民居吊脚楼的室内布局结构中也有所体现。通常传统的土家族吊脚楼成一字排开，中为堂屋，堂屋是常用于接待宾客、办理家中大事的场所。堂屋两侧房间称为“人间”，也就是起居室或者卧室。人间房又被中柱间的壁板隔为前后两间，分为前间的伙房和后间的卧房。在人间房的布局中，因为土家人以左为尊的规矩，所以为表孝道，父母通常会住左边；儿子与儿媳则住右边的后半间，其余兄弟姐妹等住楼上左右两侧的厢房。

值得一提的是，不光土家族的房屋布局透露着土家人的伦理文化，其堂屋的正方位中间是用来祭祀祖先的神龛，更是土家人伦理文化的表现。土家族人的堂屋正中间的神龛上写着“天地国亲师位”这六个大字，在湘西地区，这被称为“家先”，其中的寓意并不难理解，土家祖先把这五样当成神一样的供奉，受万代香火，便是土家人伦理文化的一大表现。在土家人眼里，就算再家大业大，都得要学会感恩天地之美德，即便再有权势，心里永远要念叨祖辈父母的恩情，正所谓“百善孝为先”。

4. “梁”上文化

“梁”上文化是在土家族地区中发现的土家人的一种独特的民族文化。土家族房屋修建的过程中有着自己独特的见地，在传统的土家吊脚楼建造中，土家人在用料这方面极为讲究，一方面吊脚楼的用料必须要多，另一方面也是最重要的一点就是在吊脚楼营造的过程中，其关键部位要用上寓意很好的木材，如柏子枫候。柏为柏树，子是子木，枫是枫树，候是侯林木，取这四种木材谐音，意为百子封侯，这是土家人对自己的美好祝愿。在房屋主体搭建好后，便迎来整个修建过程中最重要的一环——上梁。土家人在建造吊脚楼的过程中并不会事先准备好主梁，而是等房屋的其他构件制作完成后才择定吉日“上山偷梁”。“偷梁”是土家族吊脚楼建造过程中一种独特的习惯，也是土家族的千年传统。梁，在土家人眼里被视为如主心骨般的存在，有当家做主的意思，因此，土家人对偷梁木的尺寸也有自己的讲究，他们一般会取尺寸在二尺五以上、三、五、七丛生、多分枝的树，预示着“多发多生”之意，象征着屋主家业兴旺、发达。按土家族的传统习俗，在砍伐梁木之前，主持砍梁的师傅需要先持香祭拜八方山神，梁木砍好后，偷梁人会点鞭炮、放红包，一是为了庆祝偷梁成功，二是为了通知梁木主人家有人来你家林子里偷梁。由于这是土家人世代传下来的习俗，所以林子主人非但不会干涉反而会因此觉得需要庆贺，因为自家培育的树成为别人家房上的梁是一种吉利的象征。土家族在运梁上也是极为讲究的，梁木在运送过程中完全依靠人力运输，中途不能停歇，梁木不能着地，这也是一种图吉利的做法。梁木抬进屋后便开始由几位掌墨师画梁，画梁是上梁仪式中的重要环节，掌墨师画上太极头，寓意着驱鬼辟邪保家平安。随后，伴随着“一寸落的是金银，二寸落的是荣华富贵，三寸落的是美名万里”的吃喝梁便完成了合榫。合榫后，在“上梁歌”的歌声中，梁被请上了屋，吊脚楼的搭建便基本完成了。上梁虽然是一个简单的动作，但在它的背后反映的是土家人的人性品格、对自然的虔诚之心以及对美好生活的向往之情，它是土家人人生观、价值观的一种表现，融汇着丰富的民族文化内涵，是土家族建筑文化中不可忽略的组成部分。

（二）具象元素——物质元素

具象元素意指物质元素，它包含土家族木雕、纺织、石雕、编织、印染等诸多民间工艺方面，本书主要从建筑木雕、家具木雕、西兰卡普、磉礅文化、竹编技艺、蜡染与印花工艺这六个部分来诠释概括土家族的物质文明元素。

1. 建筑类代表元素——土家吊脚楼

（1）土家吊脚楼的造型艺术

“借天不借地，天平地不平”这是当地的谚语，是对湘西土家族地区吊脚楼的真实写照。吊脚楼，又称“干栏”“阁栏”等，是我国西南地区少数民族的传统民居形式。土家族吊脚楼以其悠久的历史传承与成熟的工造技艺受到社会各界人士的普遍关注。湘西土司地区的建筑多是吊脚楼，装饰华丽，屋檐深且曲线优美，张良皋先生称之为：干栏式建筑中的“洛可可式”风格。他曾赞誉：土家吊脚楼位于系列干栏式建筑的顶端，是“人世仙居”“中国民族建筑的奇葩”。[①] 结构上，吊脚楼不像传统的干栏式建筑那样，而是因地制宜，将其结构与地形相结合，使空间利用率达到最高。正如湘西本地的土家人所传唱的那般，“张家界有个天门山隔天只隔三尺三，永顺有个转角楼半边吃到天里头，如果你要上天去，还要走半天下坡路”。虽然夸张，但是从客观上真实地再现了当时的生活场景。

土家族吊脚楼是集建筑、木雕、石雕为一体的民居建筑，它造型多样，别具特色。通常，根据地形地貌、家庭经济状况等原因，土家族吊脚楼可分为单吊式、钥匙头、三合水、四合水、二屋吊式、平地起吊式这六种建筑类型。

单吊式是土家吊脚楼最基本的形式，房间呈一字型横向排开，造型朴实，简洁实用；钥匙头以“一”字形正屋为主体，在其一头尽端，向前方增加了龛子（小阁楼），因其鸟瞰时造型犹如钥匙状，故称钥匙头；三合水是单吊式衍生出的一种吊脚形式，即在正屋的两端都有吊出的龛子，形成三面闭合的空间；四合水式吊脚楼受到北方四合院的影响，是在三合水的基础上发展起来的建筑形式，它以天井为中心形成一个四面封闭的井院式木构吊脚楼，是土家族民居建筑的典范；二屋吊式即是在一层吊脚楼上再加一层；平地起吊式主要特征是建在平坝

① 张良皋. 人世仙居吊脚楼[J]. 中国民族，2001(8)：14—15.

中，用木柱支撑。

2. 土家吊脚楼的装饰艺术

土家族吊脚楼在整个构架中均为卯榫穿插，无钉无栓，是纯木质结构建筑，整栋楼从设计施工到落成均不用图纸，全来自土家匠师们精湛的建筑技艺和艺术法则，实现了技术性能与审美性能的有效结合。在吊脚楼的细节刻画上，工匠们也绝不马虎，龛子、罳檐、门、窗、瓜柱等部件均采用凿刻、雕塑等手法间接或直观地表达主体建筑的古朴空灵之美与土家人的信仰文化、崇拜意识，既满足了审美需求又满足了精神需要。

(1)姿态万千的龛子

说到吊脚楼，或许很多人会有不同的联想对象，可是如果说到拥有龛子的吊脚楼，那么熟识的人一听便知那是土家族的吊脚楼，因为，龛子是土家族民居区别其他民族干栏式建筑的标志。龛，俗称小阁楼，平时是子女的住所，特殊时期会作为接待宾客的厢房。龛子通常设有走廊，有正面走廊、正面内侧双面走廊和三面走廊之分，走廊的栏杆是龛子重点的装饰对象，其雕刻内容丰富、手法栩栩如生，在图案章法上极其讲究，"回"字格、"万"字格、"凹"字格等是其常见的雕刻图案，有时为使栏杆富有形式美感，匠人们会做以"美人靠"用于装饰。龛子不仅仅是土家族人物质生活需求的产物，更是土家人精神生活的态度，因此，在土家族地区，人们很难找到两座雷同的龛子。土家人将设计与实用性美学相结合，为后人提供了可供借鉴之处。

(2)朴实灵动的罳檐

完整的龛子正面通常做成类似官式建筑的"歇山"顶，称为"罳檐"。罳檐是由悬山和雨搭演变而成。山墙雨搭延长到与两面挑檐相交的岔脊，就成了罳檐，或者歇山。通风挡雨是罳檐的主要功能，在造型上，罳檐姿态大气，稳重又不失灵巧舒展，极具美学价值。望向罳檐便不难看到极具特色的屋脊装饰，屋脊装饰一方面是土家族地区区分建筑性质等级、家境殷实程度的标识，另一方面也是土家人为建筑融入福祉的一种表现形式。土家村寨中最常见的正脊装饰纹样分别为葫芦纹样、铜钱纹样和品字纹样。葫芦纹样是土家族摆手堂、土司祠或先祖宗祠的屋脊装饰纹样。摆手堂是土家族村寨中的重要建筑，它常是土家族用于祭祀、祈福跳摆手舞的廊场，其常出现在村寨中心以突显它在土家人心中的特殊性。土王祠是土家族土司王的宗祠，是神圣不可侵犯之地，显而易见地在土家人心中有至高无上的分量。先祖宗祠也是这般，土家人尊崇礼仪伦理，对先祖极是尊敬，因而在每处的土家族村落里都会有自己姓氏的宗祠。因此，在土家族村落里摆手堂和土王祠这等建筑的正脊上便会出现"葫芦"纹样的装饰，多有镇宅平安、福禄吉祥、多子多福、子孙绵长的寓意。铜钱纹样和品字放纹样的正脊装饰是土家族普通村民常用的正脊装饰纹样，富贵人家一般会用瓦片拼成铜钱纹样，花式繁多，用以点缀宅子凸显身份；普通人家便会直接用瓦片堆放成一叠一叠的模样模仿过去纸钱堆叠的样子用以装饰正脊，皆有招财进宝、财源广进、金钱满屋、一品当朝之意。罳檐的翘脚飞檐则常采用凤尾、鳖形、卷叶花纹等装饰，一方面有祈福的意义，一方面从造型上使得罳檐整体充满着灵动的美感。

(3)美轮美奂的门、窗装饰

说起土家族美轮美奂的门、窗装饰，就不得不提到其精湛的木雕艺术。木雕作为土家族艺术文化的重要载体，从最初的实用性逐步发展到后来的实用与装饰共存的装饰艺术。土家族木雕工艺精湛，雕刻题材丰富多样，雕刻样式美轮美奂，这种木雕技艺区别于用现代机器进行精准的木雕技艺，更多追求的是眼和手的高度协调和统一。土家族木匠设计从不用图纸，所雕刻的图案大多是轴对称、二方连续、四方连续的重复，他们追求写实写意，题材多源于土家人的信仰文化、生活文化等，或许正是如此，土家族自身的特殊经历与生活环境使得土家族在木艺传承的过程中在汲取外来精华的同时，也融入了本族的审美情趣，形成了自己地方性的风格。在木雕这个大范围中，门、窗向世人描述着土家族木雕艺术辉煌灿烂的文化。它们是民间艺术中的不可忽略的部分，它们不仅见证了土家人的历史变迁，还承载和传承了土家人的人文情怀。

“湘西地区的木雕木窗，由于其吊脚楼建筑出檐深翘，因而门窗尺寸大，体型厚重，纹饰复杂……多用镂空雕和线刻相结合，门窗的实体感强，显得雍容华贵，与整体建筑在比例上保持协调，具有较高的艺术水准。”①然而，土家族门窗木雕艺术也离不开历史的羁绊，有着一段跌宕起伏的经历。土家族门窗木雕从简到繁、从繁到简的演化恰好证明着这段已被岁月掩埋的记忆。“武陵山区木刻艺术源于史前时代的‘刻木’；巴国时期到郡县制时期，受楚漆木器的影响，彩绘多而雕刻少，木结构干栏式建筑逐渐成熟。在羁縻州县时期建筑成为独立发展的艺术形式；土司时期开始成熟，这时期的木雕主要集中在土司衙署等高等阶层。”②这样的状态被改土归流制度打破，改土归流的影响是巨大的，一方面从某种程度上毁坏了土家族民族文化的单一性，但另一方面它打破了土家族长期以来相对封闭的状态，为其带来了先进技术与前沿观念，这样的变化催发出土家族民间对房、对物的热情需求，使得木雕艺术的发展达到了前所未有的高峰。可是，随着社会的变革和土家人思想变化的影响，木雕艺术的高超技艺逐渐消失在受众的眼中。

吊脚楼群的规模在20世纪中期迅速缩小，直到21世纪初随着文化产业、旅游产业的逐渐兴起，才使得这样缩减的状态逐渐得到缓解。以湘西自治州永顺县王村为例，王村现有的吊脚楼聚落规模仅仅只是当年溪州盛况的三分之一，因为城市建设使得三分之二的吊脚楼聚落群淹没于酉水之下，很多古老的文物因为人们保护意识的缺失，逐渐淡出人们的视野。

---

① 覃莉. 土家族区域木雕艺术发展史[J]. 三峡大学学报(人文科学版)，2011，33(1)：8.

② 覃莉. 土家族区域木雕艺术发展史[J]. 三峡大学学报(人文科学版)，2011，33(1)：6～9.

如今，在这些仅剩的土家族聚落群中，不难发现历史久远的吊脚楼门窗雕饰相对精致复杂，而新中国成立后修建的吊脚楼相对简单，特别是在经济状况贫困的家庭中，其吊脚楼木窗雕有简单的纹样，而木门雕饰基本没有太多图案，属于较为普通的板子门。这是一个化繁为简的过程，亦是一个历史变迁的过程，所有的艺术创造过程中都脱离不了政治、经济的牵绊，然而值得庆幸的是，在这样一个多元文化交流的时代，这些被岁月掩埋的记忆又开始被人想起，并试图让它再次展现当年的辉煌。

土家族木雕种类繁多，门类分别也有多种，落脚点不同种类划分亦有所区别，从其发展的年份来说，可分为夏商周时期、战国晚期至汉魏时期、唐宋时期、土司时期、改土归流至民国初期与现代。当前，为了对土家族木雕进一步的研究，一般又从其可用功能类型、使用范围、雕刻形式与题材来对其进行全面的划分展示。土家族门、窗、家具、器物等木雕种类亦是包含在其中。

在民间，门扇与窗棂作为吊脚楼的重点装饰区域，并非运用色彩的搭配使之看起来堂皇，而是在这些单体中工匠匠心独运地设计各式纹案，运用精美的工艺技术使得吊脚楼的室内装饰更为妙笔生花，更显其艺术气息，突出“人”的气韵。土家族吊脚楼常见的门扇、窗棂雕刻多用托物言志、借物抒情的手法，例如，用谐音间接表达意愿，如“五福（蝙蝠）捧寿”“吉（鸡）庆有余（鱼）”；用图案、文字直观表达寓意，如凤栖牡丹取其“富贵吉祥”之意；也有直接将福、禄、寿等吉祥字眼，将其形象化，直接作为门窗的雕饰纹样例子；还有用典故作为表达主题，如“五子登科”“土家英雄窗雕”等。然而，无论哪种表达形式都从侧面烘托出土家人对美好生活的向往之情，他们通过各种直观或间接的表达方式给予生活希望以及对自己美好的祝福。他们将吉利祥瑞的观念毫不吝啬地融入任何可以表现其意的地方。

土家族吊脚楼的门扇皆高大，一般情况下，其堂屋正门的门扇高度几乎等同于该建筑一楼的层高，从视觉上给人一种沉稳大气、庄严肃穆之态。如湖南省永顺县芙蓉镇的土司王府，其堂屋正门装饰极为讲究，正门分为六扇，远远望去威严、挺拔。这六扇门均有精美的木雕装饰，其中，正门的中间两扇设有精雕细刻着寿形龙纹样式的团花式雕花窗，其边两侧的门扇上分别雕刻着精心设计的回纹式花格，在这六扇门的门腰部分也分别装饰有莲花、梅花等象征品格、气节的花纹图案。单是这六扇门的样式便不难看出土家族工匠们的精湛工艺以及对“托物言志，借物抒情”观念的推崇。

永顺县的双凤村，这里大部分吊脚楼的门上装饰逐渐简化，没有过多烦琐的细节，更多的是凸显出门的实用性，但是在门的上方仍镂空雕出已被简化的图案与文字，它们或是雕刻着燕子图案、五角星图案、鱼形图案，或者直接镂空刻着“归”字纹样，直接或间接地表达出屋主对家人的情感。该村落留守家中的大部分是老年人，或许正是这个“归”所表达的含义，平安出入，记得归来。不论时代如何变化，土家人仍透过建筑的语言诉说自己的故事，赋予生活美好的期许。

土家族吊脚楼除了门的造型装饰外，窗花造型更是土家族木雕文化中不可忽视的组成部分。不论是门扇造型还是窗花造型，其中的纹案样式都包含着土家人浓厚的人文情感。土家族窗花无论是结构种类样式还是装饰图案样式，其常见的造型不外乎以下几大类别。

一类是直楞窗，这类窗花造型简单，以大小均匀的木棍均匀分布嵌入于窗棂之上，其制造简单，坚固耐用，实用性强，但功能上受造型条件限制；一类是平开窗，也叫格扇窗，这类窗花造型在直楞窗上增加窗花样式，更具装饰性，因其可向外开启，所以设计比直楞窗更为科学；还有一类是雕花窗，这类窗花造型丰富多样，外形美观，形式多变，其题材丰富，木雕形式多样且复杂，既满足使用功能又符合审美功能。

除了这三大结构种类分类外，雕花窗所包含的图案纹样繁多且丰富，主要有格子纹、冰裂纹、工字纹、米字纹、铜钱纹、扇形纹、寿纹、回纹、拐子纹等。它们多以连续图案形式编排表现，采用中轴对称形式进行图案编排。在现代机器代替手工作业的年代，很难想象土家族工匠们当时如何在不用任何图纸打稿的前提下仅凭自己的双手雕刻出如机器般精准的轴对称图样。在建筑装饰中，门窗是木雕纹样的主要展示区，但其精美的纹案样式还存在于土家族吊脚楼建筑的木制墙板、隔扇、挑枋、柱头等部件上。

(4)造型独特的瓜柱头

湖南省湘西土家族地区，不论是风雨桥还是吊脚楼皆可以看见一个造型如同南瓜一样的柱头，湘西人称其为瓜柱。龛子走栏支撑在挑瓜柱上，挑瓜柱由挑枋支撑，下端不落地，常雕成“瓜柱头”装饰，也就是官式建筑的“垂莲柱”。[①] 其一方面用于柱头装饰，使得建筑从细节上更为精巧，另一方面从视觉上拉伸比例，使得土家吊脚楼结构上更为稳固。然而，瓜柱头的造型已不仅仅出现在挑瓜柱上，吊脚楼栏杆等别的柱头上亦是南瓜形象的雕饰，可见南瓜对湘西土家族人有着别样的意义。在湘西，南瓜有着多子多福之意，这些带有装饰性质遍地出现的瓜柱装饰，正是土家人希望子孙绵长、人丁兴旺的愿景表现。不得不说，瓜柱是土家族建筑装饰上的具有代表性的装饰符号之一。

3.木雕家具的代表元素——滴水床

土家族木雕家具多质地厚重、纹样繁复，整体给人雍容大气之感，如京派木雕家具。其木雕家具大都精雕细琢，在少数民族地区无论是从实用性还是装饰性上皆数上乘，而滴水床是土家族木雕家具中最具代表性的作品，是典型的土家族家具精品，是土家族地区常用的一种架子床。

(1)滴水床的装饰艺术

滴水床作为土家工匠们登峰造极的杰作，其床体木雕形式精美，纹饰多样，内容丰富，床

---

① 张良皋.人世仙居吊脚楼[J].中国民族:2001(08):12.

体每处都雕有寓意吉祥、美好的装饰纹样，皆有对美好生活的追求之意。其雕刻内容形式主要为“金瓜垂吊”“五谷丰登”“龙凤吉祥”“松鹤延年”等，由于其做工精细、烦琐，一张床往往需要耗费几年工夫才能做成，故其又名千工床。

滴水床的艺术魅力体现在其整体造型装饰上。它就像一座缩小的宅院，床身与廊庑组成一个完整的围合结构。廊庑是滴水床的重点装饰部位，组成廊庑的构件前后有序，错落有致，紧密地整合在一起，形成一个空间感、进深感、节奏感极强的整体。踏步和底足组成底座，其一方面用于装饰床体，另一方面更主要的是针对湘西地区湿气重所采取的防潮措施；滴水床的立柱与桁架是其主要的承重结构；顶棚是装饰在廊庑上的天花板；楣板是廊庑构架中的装饰重点，它如同滴水床的门楣，是纯装饰构件，它多以雕工精致的透雕、浮雕为主，内容来源于生活。

花罩位于楣板正下方，有内、外花罩之分，外花罩嵌于滴水床在外部两侧的立柱之间，内花罩的进数则依据滴水床主人的身份来决定。花罩犹如传统古建筑中内部装饰常用的隔断，层叠有秩，内外呼应，使得滴水床装饰表现力极强。因为考虑床体进深空间所需的透光性，所以花罩多是以镂空雕为主，这样光线透过花罩之间的空隙，层层叠嶂，光影交错，一则不会太过昏暗，二则为滴水床增加了一抹神秘的美感，可谓是匠心独运的设计。围栏、飘檐、窗棂形成滴水床廊庑构件中的围合结构，它们一方面充当着装饰角色，另一方面担当着私密性的保护角色。①

在空间布局上，滴水床浓缩了土家人对空间利用的智慧，它将人们对于空间的利用率发挥到了极致。在整个滴水床的构造中，床体体现现代室内设计空间中的休息功能，廊庑则体现对使用功能的需求。廊庑中会放有小茶几、椅子、柜子、香炉、书柜、火炉等家具器物，它将屋主的生活习惯以及使用需求统统浓缩在一个小小的空间之中，就像现代室内设计中的主卧部分，它不仅包含床体，还将梳妆、储物、衣帽间、卫生间等功能性、储藏性空间整合在一起，构成一个完整的私密空间。在小户型设计与多功能复合型家具日渐兴起的今天，滴水床犹如一个空间利用上的典范案例。小空间，大智慧，它们最大限度地实现了屋主的使用需求。

在纹样装饰上，滴水床可谓是木雕艺术中的典范。它与建筑装饰一样，通过各种吉祥纹样来表达着内心对于一切美好事物的向往。它与建筑木雕表现形式不同的是，其纹样的雕刻工序更为复杂、烦琐，版幅更小更为精细，所蕴含的寓意也更为细腻。就装饰纹样而言，其在装饰元素的运用上与建筑装饰纹样有异曲同工之妙，皆是土家人民族文化与民族心理通过隐喻、象征、用典、联想、谐音等艺术表现手法所展现出的物化形式。人们往往能透过纹样本身感受到土家人丰富的民族文化内涵与浓郁的生活情趣。

---

① 曾瑜.土家族滴水床装饰艺术研究[D].长沙：中南林业科技大学，2012：17—21.

土家族滴水床常见的床式装饰图案可分为植物花卉、祥禽瑞兽、神话人物、图案符号、山水建筑这五大板块。将这些图案雕刻在方寸之上，在使得滴水床美观的同时，也为其注入浓厚的精神力量。植物花卉类主要包括牡丹、莲花、菊花、梅花、丝瓜花、韭菜花、向日葵、兰花、松树、竹、葡萄、寿桃、西卷草纹、番莲纹、缠植纹等以及各种什锦水果蔬菜；祥禽瑞兽主要包括龙、凤、麒麟、狮子、鸳鸯、喜鹊、白头翁、鹿、蝙蝠、羊、猴等；神话人物主要有八仙过海、大闹天宫以及人们进行的纺线、采桑、织布、祭祀、渔、樵、农、耕活动等；图案符号主要有青铜器皿、文房四宝、琴棋书画、花瓶器物、乐器、酒具、书案、博古架、金银财宝、文字符号等；山水建筑则有山川河流、亭台楼阁、小桥流水、庙宇高堂、民居宅院等。

从这些内容中不难发现，土家人在追寻传统纹样的同时也将视野放在了生活，他们一方面追寻所有能够反映吉祥、寓意幸福理念的元素的同时，另一方面也将师法自然、质朴生活、享受生活的理念融入于方寸之间。匠人们通过抽象、写实、组合等手法将这些元素运用到创作中，作为一种独特的装饰纹样。它不但使其造型更为美观精致，而且还反映了土家族浓郁的生活情怀。

“借物抒情，托物言志”，以上装饰元素中以祥禽瑞兽为代表，它们多以写实写意的手法出现，在使画面丰富的同时，也直接或间接地表达出其背后所代表的吉祥寓意。其中龙、凤、蝙蝠、鹿等纹样多频率出现，蝙蝠纹样更是随处可见，可见这些纹样在土家人心中有着特殊的寓意。龙是中华民族的化身，象征着至高无上的权利与尊贵的地位；凤乃“百鸟之王”，象征着祥瑞、富贵、美好之意；喜鹊，顾名思义是“喜”的代表鸟类，象征着吉祥、好运、福气与喜庆；鹤是崇高的地位的代表，象征着长寿、吉祥、高雅廉洁与忠贞；虎对土家人有着特殊的含义，是土家人的图腾象征，象征着勇猛、力量，也有辟邪之意；蝙蝠素有“仙鼠”之称，是长寿的象征，蝠又与“福”同音，是福气的象征；鹿与“禄”同音，象征着祥瑞、长寿、福禄与富气。

元素不是单一的个体，土家人常用多种元素的组合来表达自己的情怀，它或是谐音或是取义，但不论怎样，这五大板块无论是单独成画还是拼凑叠加，皆是土家族滴水床艺术装饰中不可或缺的元素。

(2)滴水床的文化内涵

伦理文化方面，滴水床取名滴水之音并非是因为它会滴水，而是因为其造型上有着像屋檐一般的床檐角。在湘西地区，每到下雨时节，雨水顺屋檐而下拍打着地面的青石板，有着别样的风情，故滴水床因此而得名，这无不透露出土家人骨子里丰富的浪漫主义色彩。另外，滴水床的名称还源于土家族的哭嫁文化，哭嫁是土家族女子成亲时特有的婚嫁习俗，一般土家女子在即将成亲的前三至一个月前开始会在自己的闺房哭泣，土家人将新娘哭泣的时间长短作为衡量新娘品格的标准。新娘在这段时间里整天以泪洗面，哭唱自己心中的不舍和彷徨，表达出自己对亲人、对朋友、对邻里等身边人的感恩与不舍。“哭爹娘”“哭姐妹”

等是其主要的哭唱内容。因此，滴水床也是土家人对婚嫁文化、伦理文化的缩影。滴水床层层叠叠，其一般多三进至七进，每进一进代表着土家东主(主人)的权势、财富与地位更进一层，所以滴水床从某些意义上来说也具有阶级象征。

民风民俗方面，滴水床除了外形、结构讲究之外，其在修葺过程中也有着不为外人所知的规矩。滴水床的尺寸必须取半去整，俗话说，“床不离半，屋不离八”，“半”由“伴”的谐音而来，“八”由“要得发，不离八”而来。[①] 这是土家族地区不成文的规矩，也是不可触碰的忌讳。滴水床在湘西，还有另一个不成文规矩，据说在打造滴水床的时候，东家都会故意让匠人们将床体打造的比夫家大门宽一点，目的是为了让土家新娘子出嫁时夫家只有卸门才能迎娶，这是为土家新娘子立威的表现。由此看出土家人对床的重视程度，不论是其造型还是其背后所隐喻的民族心理需求皆是如此。[②]

滴水床不仅是民族工艺的展示，更是对土家族生活意识形态、民族文化、信仰文化、民族心理等多方位的诠释，它在土家族室内装饰艺术中有着举足轻重的地位。

4. 纺织工艺类代表元素——西兰卡普

土家族织锦的历史可以追溯到秦汉时期，这是门古老的民间手工技艺。西兰卡普是土家织锦的代表，2006 年，土家族西兰卡普与云锦、蜀锦、宋锦、黎锦一起被列为我国首批“中国非物质文化遗产”。在土家，“西兰”是铺盖的意思，“卡普”是花的意思，所以“西兰卡普”又被称为“土家之花”或“土花铺盖”，被视为土家族人文、技艺的结晶，它是土家族民族精神、民族文化、民族智慧的统一体，是土家族代表文化之一。

(1)西兰卡普的艺术特征

西兰卡普的艺术特征主要表现在织工、构图、色彩和图案纹样这四个方面。

织工技艺上，西兰卡普采用的是通经断纬反面挑织的方法，顾名思义，反面挑织就是织女在织西兰卡普的过程中所看到的是它的背面。纺线在织机上千丝万缕，纵横交错，织女们只能依靠内心的胸有成竹才能编织出一幅幅精美的织锦妙作。

构图构思上，由于西兰卡普采用的是特殊的挑织方式，因而其在纹样构图上讲究几何对称，多以菱形结构、斜线条为主体。它区别于一般纺织品，尤其与刺绣不同的是，西兰卡普的创作本身就是抽象的，是属于远看形似近看神似的织锦画作。

色彩选择上，土家人从纺纱染线到编织西兰卡普，皆依循着最古老的方式，染料也是来自植物熬出的汁液。即便是在化工染料充裕的今天，土家人依旧推崇用纯植物的染料去染线。土家人热衷从大自然中获取色彩，每次不同的植物搭配、不同的比重都能带来意想不到的效果。天然的色彩没有化学染料般绚丽，但也正是这种自然之色使得西兰卡普有了一种

---

① 曾瑜. 土家族滴水床装饰艺术研究[D]. 长沙：中南林业科技大学，2012.

② 易华. 湘西土家族传统床类家具木雕图案研究[D]. 哈尔滨：东北林业大学，2012.

素雅温和的质感。此外,西兰卡普最吸引人的还体现在其色彩上的搭配。它常以黑色或红色为底色,红色和黑色的象征意义直接与生命本体相关,红色的象征性意义受到两个基本经验的影响:红色为血,红色为火,这种象征性意义也相应深刻地扎根于民间意识之中,[①]在底色上再加以对比度强烈、颜色鲜艳的彩色,如红、桃红、湖蓝、普兰、中黄、土黄、橘色等。其图案对色彩的选用常用到对比色或纯度、明度较高的色彩,通过底色与图案颜色、图案与图案之间的色彩对比在形成强烈的视觉冲击的同时又给人以一种古朴、和谐的美感。“黑配白,哪里得。红配绿,选不出。蓝配黄,放光芒。”[②]这是一首土家人常用到的三字歌诀,这表明了土家人对对比的偏爱。西兰卡普常用黑白衬托钩提,采用钩状、锯齿状、梳齿状、缝合状、连锁等边饰,加上各种多角形的小花作为点缀,以黑色为底,以白色镶边,主次与自然协调之美,形成的图案和谐。[③] 西兰卡普的色彩是对自然的再现,是土家织女们生活生产中的长期积累和沉淀过程,透过色彩,受众可以感受到土家人的生活态度、民族心理以及审美艺术。

图案纹样上,西兰卡普是对生活的写实,它是土家人最早的抽象派代表,是土家历史人文的产物。它色彩鲜明、图案新颖,整体效果趋于古朴典雅。西兰卡普的纹样题材丰富,内容几乎涉及土家人的全部生活,在湘西自治州博物馆展厅中便分别陈列着马儿花迎亲图、福禄寿喜、八角花、大蛇花、杪椤树、桌子花、岩墙花、老鼠迎亲图八勾、十二勾、二十四勾、四十八勾等不同题材的西兰卡普展示。

土家族西兰卡普现有的传统图案已达200余种,是体现土家人与社会关系、自然关系的生动写照。值得注意的是,西兰卡普的取材皆是来自织女们对生活的观察,她们从生活的细微处提取自己需要的元素融入自己的作品中,长久以往,形成了自己独特的织锦文化。

(2)西兰卡普的装饰艺术

西兰卡普极具地域性、民族性特征,在过去,西兰卡普是每家每户土家女子必须学会的手工技艺。它虽是一幅手工织锦作品,但更是土家女性自身世界观、人生观、价值观的导入,如同传统民间所说的“字如其人”,在土家族地区,西兰卡普就如同“字”所衡量的尺度含义一般。在传统土家族西兰卡普的装饰上,由于其在纺织过程中费时费力,对工艺要求非常高,意义非凡且深远,所以西兰卡普常作为土家族新娘的陪嫁之物。在传统习俗中,土家族新娘必须有一定规格数量的西兰卡普作为嫁妆才能突显其高贵的程度。在日常生活中,西兰卡普在当地多以挂画、床褥、被面、头巾、服装装饰等多种样式出现。

(3)西兰卡普的文化内涵

西兰卡普除了是土家族织锦的杰出佳作外,还是土家族的人文象征。土家人生活在重

① 赵莉,陈明珍. 西兰卡普图案情与意的整合表达[J]. 安徽文学(下半月),2008(01):217+220.

② 赵静,叶洪光. 绚丽多彩的西兰卡普[J]. 纺织科学研究,,2014(07):100—101.

③ 朱凤娟. 揭开“西兰卡普”的神秘面纱——记中国“丝博馆”“湘西土家族织锦展”[J]. 文化交流,2014(5):39.

峦叠嶂的山林之中，在过去交通不便的年代，土地、山林便成为土家人赖以生存的根基，因此，在土家人的装饰图案中，多以花、草、鸟、兽为主，这些大自然的生物被土家人赋予了更多吉祥的寓意，它们是源自湘西土家人对这片土地的感恩之心。例如韭菜花，传说在战争年代，土家人因为打仗被困在一个没有粮食的地方，后来为了求生，土家人发现了一地长得很像韭菜的花，他们靠这个度过了那场危机，因此，为了感谢这种植物，聪慧的土家族姑娘便将其画为几何图案运用与织锦之上。就算是抽象的几何图案，其中也隐含着特殊寓意，如四十八勾，这四十八个勾代表着民族与家庭的团结，其中里面有四组，分别代表着天地、神明、家庭与新郎新娘。

西兰卡普是土家人婚俗上的主要嫁妆之一，客观上也是女家经济地位的标志和女儿有无教养的凭证，并且在受人观赏的嫁妆行列和任人品评的新房陈设中格外引人注目。因此，西兰卡普对土家人而言是有着不同寻常意义的，它不仅是土家人审美取向的反应，更是其世界观、人生观的一种体现。不仅是对美的追求，更是土家女子精神寄托的表现。妙手生花，土家女子用自己的虔诚、善良与耐心编织着自己心中的世界，经线纬线的相互穿插，诉说着土家族从古至今的历史轨迹；诉说着土家族独有的风情文化；诉说着土家织女们一生中看见的自然美景；诉说着织女的自身性格喜好；诉说着织女们身边发生的人、事、物……对于没有文字的土家人而言，土家织女手中的西兰卡普就是土家族特有的文字，它或是托物言志，或是借物抒情，或者情景写实，无论何种表达方式，它都是土家人对生活、对人生的理解，都是土家人真性情的再现。如果说，木雕艺术作为土家族男子的语言，那么西兰卡普便是土家族女子的语言。

5.石雕工艺类代表元素——磉礅

武陵盛产石，在土家族地区，石雕与木雕相仿却又有所不同。其区别在于，一为材料，二为质地，三为氛围。武陵山盛产石灰岩，石料在土家族建筑中用途广泛，特别用于门框抱鼓、门楼、牌坊、磉礅、陵墓等地。它们多以建筑搭配或是作为地方典型标示存在，具有装饰性、标示性、防御性等功能。在艺术的范畴，材质不同、艺术表现形式不同都会造成不同的视觉效果，营造的氛围就更不相同。例如，同样的狮雕纹样，石雕会比木雕更能表现出狮子的王者霸气，更能营造出威严、不容轻视、挑衅的氛围，这就是石雕与木雕的区别之处。然其相同之处在于，无论是何种材质的表现形式，其雕饰纹样背后的民族心理、民族精神、文化内涵、风俗背景皆为相同。

(1)磉礅的装饰艺术

磉礅，是中国传统古建筑中柱子底下的石墩。在土家族地区，磉礅也常与吊脚楼搭配，作为柱顶石，在实现它的使用功能外，磉礅也发挥着装饰的功能性，正所谓细节决定品质，一栋精美的吊脚楼除了随处可见的木雕装饰纹样外，磉礅的细节也不容小觑。从材质搭配上看，石雕的坚毅与木柱的强韧搭配使得吊脚楼更加古朴，气势挺拔、精致，宛如土家人的性情一般；从纹样雕饰来看，其雕刻形式多样，图案栩栩如生，在雕刻手法上，磉礅其型质明显地表现“依”“游”原则的统一，土家石磉礅自下而上以方、八角、圆各形分为三段，以为“依”，而三段之中的比例，花纹样式则悠意为之，千变万化没有固定章法依循，此为“游”。芙蓉镇上土司王府中的磉礅，如图 5-1 所示，其自下而上为方形基座、中间过度为八角、上面演化成圆柱，形状过度变化有一定准则，是为“依”；而其三段的比例划分随意，底座方形侧面采用浮雕形式雕刻着宝剑纹样的吉祥图案，在过渡区域出现了土家常见的回纹雕饰，最上方的圆柱体被整体塑造成一个南瓜的样式，此是为“游”。南瓜是最常见到的磉礅造型，由此又再一次印证了土家族对南瓜样式的偏爱。另外，磉礅的造型多样，除了上述造型外还有浮雕狮象石磉礅、镂空石磉礅等，磉礅上精美的图案也寓意着土家人对于生活的美好祝福。或许它并非产自哪位响彻世界的大师之手，但是人们依然能感受到工匠的独具匠心和精益求精的精神。

图 5-1　芙蓉镇土司王府磉礅

(2)磉礅的文化内涵

以小见大，磉礅在土家族众所周知的石雕艺术中或许并不是最出彩的一类，但它一定是最能体现土家人民俗文化、民族心理的一类。从装饰纹样看，以磉礅为代表的石雕常见种类，其雕饰手法、题材与木雕无太大差异。雕刻题材上均可分为花草植物、祥禽瑞兽、图腾文化、宗教伦理、历史典故、神话戏曲、日常生活的渔、樵、耕、织、收和民间狩猎、比武及战争等。这些题材样式均来自土家人对自然的感恩、对神明的崇拜、对古人的崇敬、对生活的感知。从磉礅的雕刻手法上看，其反映了土家人尊重自然的生活态度与对自由心境的追寻。就磉礅本身而言，它的材料、体积、形状是固定的，这就犹如我们所处的自然。在雕塑过程中，处理磉礅的章法是自由的，它没有固定的规律依循，可以神似亦可以形似，在这个过程中，是模仿也是创造，它任凭你想象，随心所欲刻画出自己心中的理想形态。在有限的空间肆意地创作，就如同在尊重自然的前提下自由的生活，这个过程本身便体现土家人随性、爽朗的性格特征以及对审美的理解。本书把磉礅作为石雕的代表，原因在于，磉礅不仅展现了其装饰艺术，展现了其背后所隐喻的土家文化，更是土家族建筑文化中不可或缺的元素之一，它的搭配哲学是柔与钢、韧与脆、暖与冷的碰撞，这些看似矛盾尖锐的反义词在木与石的搭配中显得极为柔和，刚柔并济，这或许就是中国传统文化中所包含的"万物相生相克"之道。

6. 编织工艺类代表元素——竹编

（1）竹编的装饰艺术

竹作为元素常出现在土家人的生活中，可见土家人也偏爱竹。在武陵地区，吊脚楼与竹林的搭配似乎是一种不成文的定律，一方面从美学构图角度来说，在山地聚落中，吊脚楼像散落的点随意散落，高低错落，竹林的出现使得这些散落的点之间存在着某种联系，使得吊脚楼之间交相呼应，化散为整，构成一个自然和谐的整体结构，为画面增加了一抹自然清新之态；另一方面从使用角度来说，竹是土家人颇为青睐的生产加工原料，土家人隐山而居，长久以来处于一种自给自足的生活状态，吊脚楼周边的竹林便成为土家人最为便捷的取材场所。

从古至今，竹编制品广为人们所应用，在历史长河中，实用的竹器和工艺精湛的竹编制品造就了独具内涵与品格的中华竹编文化。① 其中，湘西竹编独树一帜，产生了大量精巧、细腻、美观、实用的竹编产品。湘西民间竹编工艺与文化不但是中华民族优秀竹编文化的重要组成部分，而且是人类物质文明与精神文明的完美体现。② 在湘西地区，竹编是最为常见的编织工艺，它多用于凉席、竹器、背篓、簸箕、斗笠等生活器具的加工制作。现今，竹编不仅仅满足生活所需的实用功能，从某方面来说，竹编开始作为装饰艺术融入湘西土家族的生活之中。竹编在装饰艺术上多分为两类，一类是容器装饰类，主要有瓷胎竹编、竹编提篮、竹编提盒、竹编花瓶、竹编果盘、竹编笔筒等；另一类是饰品装饰类，主要有竹丝花卉、竹编字画、竹编动物等。

湘西的竹编编织大致可分两种表现形式：一类是立体竹编，立体竹编是用横截面为矩形的竹丝编制立体造型的竹编，一般编织人们日常的生活用品；另一类是平面竹编，平面竹编就是用薄篾层编织出的平面图形，一般出现在平日的竹编睡席、竹编扇面、竹编晒垫、竹编门帘等上。③

湘西土家族几乎家家户户都有竹编制的器皿，竹仿佛成了土家人生活文化不可或缺的一部分。然而，竹编的价值更多体现在它的实用性、功能性上，在装饰性的表现上显得比较单一，多是比较局限性的装饰器物。所以渐渐地，这种传统的工艺开始被社会淘汰，但是若换一种思路，将这样成熟的编制技术投入到更大更广的设计领域，凸显竹编的肌理与原生态

① 叶婷，陆耀辉. 嘉定竹刻的历史发展与艺术特征[J]. 中国美术研究，2012(04)：54－58.

② 唐立华，刘文金. 湘西南宝庆竹簧烙画的艺术特征探析[J]. 装饰，2014(10)：114－116.

③ 张应军，马榕. 湘西民族民间竹编工艺探索与实践[J]. 世界竹藤通讯，2015，13(06)：36－41.

艺术，通过叠加、重复，或是大面积铺装等手法去增加竹编的形式美感，合理地运用不同织法带来的不同肌理效果，放大、夸张它的视觉冲击力，将生态与设计紧密衔接，那将是极富特色的装饰艺术。

(2)竹编的文化内涵

竹子是湘西土家人日常生活和劳动所需的必需品，它是土家人日常生产生活中的重要参与者，如用竹子编洗菜篮子，编斗笠避雨，编背篓背东西或者背小孩、簸箕晒东西等皆是土家地区的生活常态。土家人对竹有着很深的情感，即使在现代，仍还可以看见一些土家人还在使用着各种竹编用具，赶场时使用的竹编背篓，做腌菜、晒干菜时使用的簸箕，下雨时使用的竹斗笠，等等。

竹编文化融入了土家人的生活，这也是过去人们取之自然、用之自然的智慧结晶。竹编作为一门手工艺术发展已有千年，这里面承载着太多精神文明，它同任何手工艺品一样，是土家人生活意识形态的展现。在过去，竹编是土家男子的手工技艺，它是土家族地区一门重要的传承手艺，是土家文化中不可忽视的部分，但是随着社会的发展，新旧社会的更替，很多古老的手工技艺逐渐面临着失传的困境，直到有一天，当你发现了它的价值的时候，却再也找不到传承它的手艺人。

7.印染工艺类代表元素——蜡染与印花布

(1)蜡染的装饰艺术

蜡染作为中国古老的纺染工艺与西兰卡普一样最早出现于秦汉时期。蜡染是湘西土家族、苗族主要的印染工艺，是湘西民俗文化中不可忽略的组成部分。它是“用蜡绘花于布而染”的一种手工印染品，图案花纹蓝白分明。由于蜡液在冷却后产生的自然裂纹，染色后，形成一种特有的装饰效果。[①]

土家族蜡染在装饰纹样的创作上颇有讲究，它注重配色纯净，注重构图，画面艺术感浓郁。在过去，土家族的染料均是天然的植物染料，土家人常用当地的一种可以熬出紫蓝色汁液的植物放入锅中煮开，将其水作为蜡染的主要染料，这种水被称为“蓝靛”，因此，土家族常见的蜡染均以蓝底白花造型为主。土家族蜡染大致分为两类，一类是精心制作的图案纹样类，它可以是写实，可以是再创造，可以是传播图腾文化的画面构图；另一类是看似随意的扎花蜡染类，它在制作过程中无严格的比例要求，这样看似随性为之的手法表现使得土家族蜡染相较其他虽无精致但却显得更为灵动。

在土家族蜡染中，与所有的传统工艺一样，吉祥寓意在蜡染表现中是为常见，蜡染工匠会根据自己对美好事物的想象，将带有祈福意义的事物组合，通过娴熟的技艺染出既有美好寓意又富有美感的蜡染作品。例如，虎头、鸟尾、鱼脊、穿山甲脚和猪身融合于一身运用意象

---

① 陈伊娟.浅谈言传身教的蜡染艺术[J].大众文艺，2012(19):179.

合成手法并添加了意为“丰衣足食”的古铜钱纹饰。[①] 湘西蜡染有它特有的神秘，其图案纹样可分为以下三类。

一为吉祥图案，这与前面所介绍的传统手工艺术无太大区别，多是在具有吉祥寓意的花草植物、祥禽瑞兽、神话人物中进行图案纹样的提炼；二为写实图案，这类多源于对生产生活中的情景再现，它多通过蜡染的形式表现生活中的场景；三为白配蓝，这是蜡染中相对素净的表现形式，图案以多方连续纹样重复或是采用轴对称式构图，这是土家族蜡染中最常见的表现手法。

(2)蜡染的文化内涵

蜡染艺术是土家族民族心理、意识形态的物化表现。它是湘西少数民族地区重要的民族文化瑰宝之一，是珍贵的非物质文化资源，是古代三大印花技艺之一，它历经千年的发展演变形成了自己独特的染印技巧，拥有自己的审美价值与艺术价值。

蜡染源于生活，取之生活，用之生活，是土家人审美的物化表现形式之一，其色彩大都质朴素雅，整体朴实无华，与土家人性情极度相投，是古人智慧的结晶。蜡染看似简单，但却极难出佳品，它是考验人的耐性与细心的古老技艺，蜡染的制作过程枯燥烦琐，需要耐住寂寞，全身心地投入到整个制作过程中去，由于条件艰苦，用料原始，使得制作周期偏长，蜡染者往往需要撑住贫苦的煎熬，这是对传承人极大的挑战。越是古老的技艺越容易被淘汰，蜡染这门传统的手工艺术也没能逃脱这样的宿命，时至今日，这门技艺经历了跌宕起伏的历史磨砺，濒临灭绝，没有了市场、没有了需求，就没有了存在价值。值得庆幸的是，这些蜡染传承人坚持了下来，这样的坚持使得湘西蜡染艺术在少数民族的印染工艺中独放异彩。它成为寄托情感、反映生活、反映自然的艺术品。

(3)印花布的装饰艺术文化

在土家族地区，随处可见一种蓝底白花的印花布，它配色古朴、素雅，图案题材多以花卉纹样为主。它常被土家人做成简单的衣物、被面、坐垫、窗帘、门帘等，或者将其做成装饰画或其他装饰物品。例如，永顺县芙蓉镇王村有多户居民在自家的店面将印花布做成遮阳防雨的罩子；有些人家用斗笠与印花布结合做成别具特色的灯罩；有些人将印花布做成墙面的装饰元素。土家人将印花布融入生活，装饰生活，久而久之，印花布也成为土家人生活中不可或缺的艺术文化。

(三)土家风情室内设计案例分析

由于文化产业、旅游产业的兴起，地域性、民族性的设计理念开始逐渐为广大受众所接受，越来越多的带有地方性民族特色的设计作品近几年开始涌现。目前将土家族民族元素

---

① 陈婧. 湘西的民间蜡染艺术[J]. 艺海，2013(12)：231－232.

融入现代室内设计中的经典案例并不多见，而民族元素的运用大多集中在公共建筑，例如酒店、客栈、博物馆、餐馆等地方。在此总结出在元素应用中常用的四种手法，透过这四种手法反映出湘西地区土家族元素在现代室内设计中的基本情况，并在其后选取了永顺县芙蓉镇边城故事酒店作为典型案例进行分析。

1. 土家族风情室内设计中的常用手法

土家族民族元素在现代室内设计中的导入手法主要有隐喻、借用、重构、简化四类。这种直观的方式虽然在形式表达上欠缺美感，但是往往极具地方特色，能使人产生一瞬间的灵感。

（1）隐喻

隐喻，是利用主体对客体事物的理解，通过客体事物的暗示使主体产生联想等反应从而达到传达信息的作用。以隐喻的手法将土家族民族元素运用于现代室内设计中，主要是抓住其民族文化精髓，在设计理念的指导下，将各种元素以不同表现手法间接表达出来。如土家族各式吉祥装饰图案的表现便是对民族心理的一种隐喻，永顺县芙蓉镇某宾馆大厅中用原木制作的大椅便是对土家人个性、生活态度的一种隐喻，如图 5-2 所示。

图 5-2　芙蓉镇某宾馆家具隐喻手法表现

（2）借用

借用，是将土家族民族元素直接提取出来挪用，这也是最基础的方式。将土家族民族元素中的某个部分元素直接运用到室内设计方案中，通过元素本身的特色来凸显出设计的民族性和地域性。此种方法的特点是直观、易懂。在应用过程中，可以是土家族装饰纹样的直接借用，可以是土家族家具物件的直接挪用，也可以是窗花、门扇、墙板等部件的直接借用。例如，张家界市新城区某家土家餐馆。其大到建筑装饰，小到室内装饰，均是土家族民族元素的直接借用，如图 5-3 所示。可以发现，它的窗花采用了传统土家族“灯笼式”雕花窗简化后的窗棂样式，具有特色的是，它将传统的纸窗糊面换成了印有西兰卡普纹样的纱窗样式。这是图案元素的直接运用，只是将本来出现在纺织工艺上的传统纹样转换了一个材质。虽然在美感上有待提升，但是这样直接借用的装饰手法的确凸显出土家族餐馆的装饰特色文化。这种直观、粗犷的土家族民族元素运用方式使得这个室内空间民族性和地域性文化特色变得一目了然。在湘西土家族地区，对民族元素直接借用的装饰手法颇为常见。

图 5-3　土家族窗棂样式

（3）重构

重构，是打破事物原有状态，将元素重新整合，把形态各异的事物元素打散、组合在一起，构成多元、新鲜的事物。简单的重构可以是综合两种或者两种以上的土家族民族元素进行创造再加工，可以是结构重组，可以是相互结合，将其构成区别于前者的装饰形式，从而使得室内装饰效果变得更加丰富。如张家界市永定区的大成山水酒店，其前台后面的墙面装饰纹样便是对西兰卡普装饰纹样的初级重构。它延续了西兰卡普的结构形式，在花纹、颜色上对其进行大胆加工，使得图案变得更为复杂，在颜色搭配上继续使用土家族常用的撞色，使得复杂的画面感效果更为突出，另外它还融入雕花窗的花纹样式，让整体的墙面有装饰感的同时也具有些许功能分区的味道，如图 5-4 所示。

图 5-4　大城山水酒店前台背景墙民族元素的重构手法

（4）简化

简化，顾名思义便是化繁为简、化整为零的设计手法。在过去的土家族门窗雕饰中，大多都是精美复杂的纹样，到了近代，同样一种装饰题材的花纹样式变得逐渐简洁。在土家族地区，简化也是土家人在吊脚楼构建修造中常用的手法。例如，就“蝠型团花式”雕花窗纹样而言，如图 5-5 所示。左图的窗花雕式最为复杂，窗棂四周的蝙蝠形象生动，中间的图形逐渐简化，蝙蝠形象还在，右边窗的窗棂四周，蝙蝠形象已经消失，但是对比发现，右图与左图有着微妙的联系，右图窗棂四周的勾角纹样正是蝙蝠纹样的简化得成。当然，土家族地区的简化手法运用也有一定原因，主要是因为经济条件的限制，在有限的经济条件中去追求美好吉祥的生活也是土家人乐观心态的一种表现。

图 5-5　土家族木雕窗棂蝙蝠纹样简化分析

简化手法是土家族民族元素运用到现代室内设计中较为常见的手法，永顺县芙蓉镇的一家特色餐馆中，其吊顶采用了土家族常用的波浪式吊顶，只是它将其简化为一个大概的轮廓，保留了土家族吊顶的骨架，达到神似的效果。

以上四种应用手法虽然其从应用形式上看还不够成熟，但是这是土家族民族元素在地域文化中的重要表现。这说明了在土家族地区人们对于室内民族特色表现形式的人群意识倾向。这种人群意识倾向正是突显地域性、民族性文化的室内设计中不可或缺的重要条件，是未来民族元素在现代室内设计中复兴的重要载体。

综合上述应用手法，本书以湘西自治州永顺县芙蓉镇中的边城故事酒店作为典型案例分析，其原因有二：一为该酒店特殊的地域环境；二为该酒店是该地带有民族风情的主题酒店代表。

2. 边城故事酒店案例分析

芙蓉镇，又名王村，它是一个有着两千多年历史的土家族古镇。该镇位于湘西土家族苗族自治州境内的永顺县，是湘西四大名镇之一，边城故事酒店便坐落于此处。

(1)设计背景

边城故事酒店是以土家族文化背景为主题的酒店，酒店于 2014 年开业，目前属于芙蓉镇上装修最好、最具典型性民族特色的酒店之一。由于芙蓉镇之前经济条件落后，因此在该村许多公共设施发展并不完善。在 2010 年以前，该村还是一个名不见经传、人烟稀少、古朴安静的小镇，直到民族文化产业的兴起，政府大力推广旅游业才使得这样一个落后、安静的小镇变得热闹，逐渐被世人知道。随着游客数量的逐年递增，小镇的公共设施已经不能满足该镇游客接待量的需求，边城故事酒店便应运而生了。全酒店各项功能齐全、设施完备，设有餐厅、客房、会议室、棋牌室、旅游接待等。酒店从建筑装饰到室内设计皆充满独特的土家风情，是游客了解湘西土家族文化的一个特殊的窗口。

(2)设计理念

边城故事酒店是以突显土家族民俗风情文化为背景的酒店，无论是高高的青砖马头墙，还是整体的庭院式结构；无论是灵动的檐角还是飘逸的瓮子，全酒店皆融入了浓浓的土家族民族元素。酒店大堂、餐厅、客房等几乎所有场所,设计师都运用到了土家族民族元素进行装饰美化,设计的地域性、民族性特色显而易见。在酒店整体设计中,设计师还注重与自然的互动,在庭院中,设计了假山瀑布、水风车等园林小景,突显出土家人热爱自然、热爱生活的积极态度,如图 5-6 所示。

图 5-6 芙蓉镇边城故事酒店建筑装饰效果

(3)设计特点

酒店大堂是酒店的"门面",是让旅客产生第一印象的场所,无论是门窗样式还是吊顶风格都延续了土家族民居建筑的设计特色。酒店正门用金属材质替换了木质门扇,这是一种现代材料与传统手法的衔接。酒店大堂顶棚上的木制仿梁条形象地概括了土家族吊脚楼中歇山顶侧面的山花样式。深褐色与白墙的强烈对比再搭配青砖、仿古砖使得大堂整体基调显得古朴、沉稳。在大堂收银台的背景墙装饰上,设计师用两扇雕花隔扇门呈中轴对称式镶嵌于背景墙之上,简单、直观的手法营造出一种地域性室内设计的氛围。另外,在墙面上装饰的西兰卡普挂饰亦是对土家族元素的借用手法。酒店整体无论是从大堂的室内设计还是服务人员的服饰设计上皆为受众营造出一种浓浓的土家族气息,如图 5-7 所示。

图 5-7 芙蓉镇边城故事酒店大堂装饰效果

酒店餐厅与大堂衔接,构成一个整体的一字空间,与土家族吊脚楼的传统格局相符。在色彩基调上与大堂统一,其室内空间设计上主要运用了简化、借用的装饰手法。例如,在吊顶装饰上,包间的吊顶仿照土家族传统吊顶方式做了简化处理;在墙面装饰上,一方面将雕花窗式嵌入木枋中作为墙体装饰与扇形荷塘装饰归为整体划分空间,另一方面将木雕花罩直接挂于墙面上作为装饰。可以看出,这些设计手法与前文所归纳的土家族民族元素的应用手法有着异曲同工之妙,如图 5-8 所示。

图 5-8　芙蓉镇边城故事酒店餐厅装饰效果

酒店客房分豪华双标、棋牌双标、蜜月房、特色大床房、豪华套房五类。其设计特点均为统一,此处便不再一一罗列每个房间的设计特色,而是综合整体地概括出其在室内设计上的设计特点。在客房的设计上,设计师多运用土家族家具陈设来烘托民族氛围,将带有土家族特色的架子床、滴水床作为家具装饰元素应用到室内设计之中,直观地突显出民族特色文化;在房间硬装表现上,将带有传统纹样的木隔断与老旧的木格栅门作为硬装部分装饰,具有较浓郁的怀旧情怀;在客房软装表现上,将土家族传统的刺绣工艺、纺织工艺、印染工艺适当地融入室内设计中,继而从整体上突显客房所散发的土家族民族风情,如图 5-9 所示。

图 5-9　芙蓉镇边城故事酒店客房装饰效果

(四)土家族元素在现代室内设计中的导入与应用

土家族民族元素源于生活也融于生活,它是集土家人民族历史、生产生活文化、信仰文化、审美情趣于一体的民间艺术合成,有着极其重要的艺术价值与研究意义。透过现代室内设计的视角,将土家族粗犷浪漫、雅俗共赏的美学风格与极具地域特色、民族特色的装饰表现手法融入现代室内设计中,通过导入研究,将获取的元素合理应用,这在现代室内设计中无论是民族性和地域性表现方面,还是少数民族艺术传承方面都是极其重要的。

1. 精神元素的导入

精神元素是抽象的,它可以形容为一个人的意识形态、一个民族的心理定式。将这种抽象的元素融入具体的事物中去,在为设计师带来设计灵感的同时也为设计出来的作品增添了一抹生气、一丝厚重感。

(1)师法自然的生态理念

土家族无论从其生产生活方式还是建筑文化表现来说都透露出土家人骨子里对自然的尊重。他们归隐山林之间,取之自然用之自然,但从未破坏自然。在本书的前面部分介绍了土家族人对其生产生活文化的勤、隐、敬之态,不难发现土家人对自然生态环境的保护有着极度的重视。土家人以自然为美，注重人与自然和谐的观念。而在倡导绿色生态、绿色设计的今天，与土家人“师法自然”的初衷不谋而合。

土家人对自然环境、生产生活、民族宗教等方面都表现出一种“万物皆有灵”的观念。就土家族上“梁”文化来说，便充分论证了这一点。土家族对自然的感恩，对生命的敬畏是现在很多都市人所缺少的思想意识。当然，这种对自然的虔诚也在另一方面反映出过去土家人封闭、保守等落后的思想意识。然而，不能否定的是，正是这种意识使得土家人在做人做事时都会本着人与自然和谐相处的目的，从而使得今天湘西地区仍能找到一方净土。

在现代室内设计中，如果设计师本身以“师法自然”之态，抱着一种对绿色室内设计的推崇之态，那么在未来，室内设计会为受众创造一个更为健康、更为舒适、居住品质更为良好的室内居住空间。

(2)“托物言志，借物抒情”的表现手法

土家族无论是木雕、石雕还是编织、印染，其各种民族元素的背后皆有一个共同的主题，那便是吉祥图案的应用。吉祥图案在各式器物中的运用是土家族“托物言志”的一种表达方式。综合土家族各类民族元素的运用特点，还可以发现土家人常常将自己的人文情感融入其中，通过抽象或具象的表达形式来达到“借物抒情”的目的。

在现代室内设计中，太多室内设计作品只注重装饰效果的展现，缺少了那么一丝房间与人的互动。一般设计中，多会考虑到空间与人的互动，人与家具器物的互动，注重人的舒适性体验。然而，若在舒适性的基础上再融入一些房间与人的互动，那将会为室内设计添上一抹不一样的设计特色。“托物言志，借物抒情”不单单表现在中国的国学文化中，它可以放在任何需要互动的地方。通过某种装饰、纹样来传达自身的情感，就像是将住宅主人的话语或是情感化为装饰符号融入室内空间的硬装部分，使得住宅本身与其主人产生了第一层互动，其装饰原理与土家族建筑装饰原理一样。例如，白虎作为土家族的图腾，是土家人心中的战神，象征着骁勇好战，也是土家族的守护神之一，将白虎图腾作为墙体装饰，一方面凸显了该空间的地域文化气息，另一方面白虎图腾唤起该空间受众的民族情感，表现出土家人勇敢无畏的民族心理，引发受众与之产生共鸣，这就是最基础的互动形式。

(3)精神元素导入的重要性

具有地域性、典型性的物质元素皆是该地区精神元素的物化表现。这些被具象化的装饰纹样元素不单单是一种图案元素，它更是该地区民族思想的表现，就如同被很多人所喜爱的欧式风格，其不单只是装饰构件的拼凑组合，它的盛行在一定因素上源于欧洲宗教文化对社会的影响，它每个构件元素背后皆是欧洲文明的缩影，其与室内装饰文化与中国设计元素有着异曲同工之妙。现在很多室内元素多变得过于符号化，在很多人眼中，这些符号便是室内风格形成的关键，而那些代表着传统的纹样、技法开始被人们视为落后与世俗的代表，但透过其表面寻找其根源，它更多的是民族文化与思想的凝聚。那么，是否在设计发展的今天，设计从业者们可以站在现代的视角，运用现代的技术、手法将地域文化、民族思想重新提炼加工或是再创造，将其融入现代室内设计之中，打造既有形式美感，又有文化底蕴的室内设计，值得我们深思。

2.物质元素的导入

物质元素可以是精神元素的提炼、升华，也可以是生活中万事万物的提炼与再创造，将物质元素融入现代室内设计中，在装饰室内空间的同时，也为受众的心灵与感官装饰一番。

(1)色彩导入

色彩心理学在室内设计的运用中并不陌生，每个人作为个体可以是一种色彩或多种色彩的组合，在一定程度上色彩能对受众产生一种心理暗示。色彩能够表现感情，这是一个无可辩驳的事实，就像蓝色是知性、冷静的色彩；黑色是权威、庄严的色彩，每个民族都拥有本民族的色彩代表体系。从色彩层面上来说，通过色彩可以看出这个民族的性格，将这些颜色导入室内设计中，便是在变相地将这个民族的性格导入进整个室内空间。色彩是民族性格的直观表现，从土家族织锦、服饰、印染艺术中可得知土家族喜好黑色、深蓝，这两种颜色常被土家族作为布纹底色，这透露出土家人朴实、低调的性格。然而从色彩的搭配运用上看，色彩的不同配合给我们不同的印象，所以色彩配合自有一种表达。这种表达使我们能从土家人不同的色彩搭配中看到他们不同的性格，土家人多爱用对比色，用深沉的暗色与跳跃的亮色对比；用小面积的对比色与大面积的底色搭配对比，如红与绿、蓝与橙的对比，对比色与布料底纹的对比等。总体来说，土家族在一般常见的用色搭配上，大多数较为素雅、古朴、沉着，也有的对比强烈、反差较大，显现艳丽的视觉效果，但整体艳而不俗，这体现了土家族豪爽、热情却又不失细腻的民族性格。

在现代室内设计中将土家族的色彩搭配手法融入其中，在整体色彩偏暗或单一的时候，适当地融入一些比较跳跃的色彩元素进去，在沉闷中仿佛增添了一抹活泼，使得整个室内空间变得明快又充满特色。土家族是个擅长运用对比色的民族，将这种带有鲜明个性的民族色彩运用到现代室内设计中，虽然打破了固有、单一与传统，但是它仍然是属于这个民族的色彩，仍然彰显这个民族的个性。

(2)装饰纹样导入

装饰纹样通过点、线、面的形式表现出来，它可以诉说情感，可以讲述故事，可以传道授业，就像原始社会时期人们用简单的图案来沟通、记事，所以说装饰纹样本身便是一种情感的宣泄。土家族没有文字，只有语言，它将它的语言融入那些饱含深意的图案上，描绘着自己的民族文化色彩。

建筑木雕、家具木雕、西兰卡普等土家族代表性元素中皆有一个共性，那便是通过纹样表达情感。在现代室内设计中通过现代装饰材料与具有民族特色的装饰纹样结合，也能突显地域性、民族性文化特色。将传统的装饰纹样提炼，透过现代的表现手法赋予其新的生命力，用推陈出新的创作手法将其融入现代室内设计中。

在传统的土家族装饰中植物类是所占比重较大的一类，它来源于土家族对于自己生活环境的观察，对所处自然环境的参照，将其从传统的使用途径解放出来，结合现代室内设计的新技术、新材料，通过多种途径运用于现代室内设计中，在延续土家族文化的同时也衔接了现代室内设计的轨道。例如，土家族卷草纹样常常出现在滴水床的花罩、吊脚楼的檐角、家具橱柜的边角等处的装饰中，通常起点缀作用，将其从这些个体中提炼出来，加以简化，运用于各种室内脚线、吊顶装饰等，在美化室内的同时也带有淡淡的民族风情。

纺织类最具代表性的便是土家族织锦西兰卡普，而其中最具代表的装饰纹样便属其中的几何形纹样。将其单元图案提炼出来，转化为一种可以代表土家族的典型纹样符号，便可适用于各种室内装饰中，或作地面铺装、或作墙体彩绘装饰、或作壁纸纹样装饰、或玻璃装饰等。它也可以作为一种人群意识的暗示与导向，如西兰卡普所反映的是土家族女子的婚嫁文化，那么在家装室内设计中，它可以作为大面积的铺装用以明示整个室内空间的功能性。它或是以清亮的色彩作为闺房设计，或是以明亮的色彩作为婚房设计，或是以古拙的色彩作为主卧设计。

在土家族传统的民族服装中，运用了很多很有特色的纹样装饰，云勾纹便是其中一类，云勾纹是土家族男士服装的领口、胸襟前常用的纹样服饰，但随着年代的推移、服饰文化的转变，它渐渐淡出视野。将其作为个例，从服饰文化中解放出来，重新运用于室内装饰之中，在复苏传统纹样的同时，也将其带入了新的视角、新的领域。例如，将云纹以不同形式阵列组合，搭配出不同的视觉效果，可运用于不同的装饰领域。它不仅可用于壁纸、布纹等软装饰面中，或是作为空间场所的装饰纹样，还可作为个体运用在家具、门把等装饰中，或用于墙边脚线等。

3. 室内陈设导入

室内陈设按其功能划分可概括为工艺品、雕塑、字画类的装饰性陈设和家具、灯具、织物类的功能性陈设等，将带有土家族特色的室内陈设物品用于室内装饰中，便是为整个室内空间中增添了独特的民族风情。

土家族元素常见的应用方法的借用法便是将已有的土家族室内陈设直接应用于室内设计装饰中，然而这样直接的借用有时并不能与室内空间中的整体氛围相融合，因此，往往需要将过去的土家族陈设进行适当改造，这样的手法与借用手法有着异曲同工之妙，其区别在于，在借用的过程中再对它进行加工创造，使其被二次利用。如在我国，已有许多老家具收藏爱好者开了先例，在芙蓉镇中有许多店面，里面有回收的各种老式家具，由于是全木质的，因此可以根据室内搭配需求将家具再次加工、翻新或是做旧处理，在营造室内氛围的同时也为传统的手工艺人开拓了市场，是营造室内土家族民族氛围最为简单、最为直接有效的方法。

其中有一名为“八角桌”的家具，其构思甚是巧妙，“八角桌”的巧妙在于其是由两个半圆的桌体组成，拼在一起可做圆桌，分开可做茶几，如图 5-10 所示。将传统八角桌的使用原理运用于现代家具设计中，在化繁为简的同时，也增加了趣味性、功能性，拓宽了土家族家具的适用范围。

图 5-10　永顺县芙蓉镇土司王府内土家族老家具八角桌

4. 其他元素的导入

突显民族性、地域性的装饰元素并不仅存在于先人的智慧中，在湘西土家族地区，还有很多不被人熟知但又极具代表性的元素，它或许是植物、或许是食物、或许是语言等，每个地域、每个民族总会有区别于其他地区和民族的事物。将这些提炼出来并合理地运用到现代室内设计中，也是民族元素应用上不容忽略的一部分。例如，龙虾花是湘西武陵山区的植物，可将其平面化，用于各种材质的装饰纹样，用于建筑局部细节装饰、家具装饰、生活器具装饰；斜织腰机是土家族织锦西兰卡普的纺织工具，其经纬穿插，将经线纬线交织的肌理提炼出运用于室内设计中，别有特色，可用于吊顶装饰、玄关装饰、屏风装饰；岩耳是极具地域性特色的食物，可将这具有地域性特色的食物抽象化，可用于局部吊顶装饰，或者墙面装饰，可以极具现代化，也可以注重肌理效果。

（五）土家族元素在室内设计中的应用方案分析

突显地域性文化不光是需要对城市的整体风貌进行改造，最关键的是推动群众，从个人机体开始拓展，量的积累才能引起质变。所以，对于少数民族城市而言，地域性、民族性文化的体现离不开居住文化的发展。对于室内设计行业而言，土家风情在未来或许可以作为众多室内设计风格的一种分类，或是中式风格的一个支派加以延续发展。若将工装比喻为一个外部大环境，那么家装则是这个环境中的内部环境，它是私密的、单一的，但是它更能突显土家族元素在室内设计中的典型性，这是一种民族心理，是民族情怀在个体中的表现。这里通过土家族风情家装设计方案的视角对民族元素在现代室内设计的应用做出具体的分析。

土家风情室内设计是为了突显土家族居住文化应运而生的，本次的私宅设计在注重生活性、实用性的同时，在设计方面添加了能够表现土家族民族性的精神元素和物质元素，通过对其在室内装饰中的灵活应用，使之不论从硬装上还是软装中，皆能营造出土家族特有的民族气息，打造出带有土家族风情的室内设计。

土家风情室内家装设计中，为了突显土家族的民族风情，一方面，在吊顶、窗扇、隔断等硬件上采用了土家族传统木雕装饰的简化纹样，将其与现代室内设计巧妙融合；另一方面，软装与硬装相互搭配，运用软装营造氛围，从而更突显出土家族的民族气息。本次主要由色彩、装饰纹样、室内陈设这三方面进行装饰特点分析。

1.色彩搭配上

色彩是渲染民族氛围的主要表现形式，传统的民俗色彩搭配使得空间极具地域特色。从前篇分析得出土家人喜好古朴之色，在古拙之上点缀鲜明的撞色。因此，本次设计多选用以突显室内古拙气息的色彩为主调，如房间中吊顶上运用的木色与白色搭配，朴实、低调却又充满岁月的质感；背景墙上的木花格与复古色的壁纸搭配，营造出一种素雅、温馨的空间氛围。在房间整体色调趋向古雅质朴的同时，在室内陈设上加以比较跳跃的色彩点缀空间，使得空间整体气息在静的同时也拥有动的活跃，在局部的细节上对空间的整体基调加以点缀，使之不会过于沉闷，增强了空间的活跃气息。这是土家人将这种生活中的色彩搭配智慧具象化融入室内设计中，是土家族风情室内设计的第一步。

2.纹样装饰上

就立面装饰而言，立面装饰可凸显整个空间的家装风格，往往也是装饰的重点。在不大改变空间结构的基础上，结合受众需求，将带有土家特色的装饰元素潜移默化地融入室内设计立面装饰中，以达到营造土家风情的目的。带有土家风情的木隔扇、印花壁纸、织物软包、木纹护墙板是本次立面装饰的主要装饰材料，将具有土家族特色的装饰纹样融入这些装饰材料中，在打造空间效果的同时也营造出带有土家气息的空间氛围，使得土家风情自然渗入空间的各个角落。如卧室设计，卧室是一个特殊的空间，不仅仅因为它是人们最长待的地方，它更是居住者的性格表现：在窗花装饰上，将传统的土家族木隔扇门几何化、简化，在简单的同时也拥有古朴的气息与质感；在背景墙装饰上，将土家族的木隔扇与西兰卡普纹样的壁纸相互搭配，凸显民族性的同时也营造了土家氛围；在电视机背景墙装饰上，西兰卡普的纹样与主卧背景墙遥相呼应，旁边的门扇装饰上亦采用了留白的手法，在增强民族氛围的同时也带着些许诗般意境。

就其他装饰途径而言，装饰纹样可以通过各种材质、各种途径来表现，用以渲染空间中的民族氛围。

3.陈设搭配上

陈设搭配属于软装的范畴，它是营造土家风情室内设计中不可忽略的重要部分，室内空间中色彩之间的互动、装饰之间的互动、人与物的互动、空间与空间的互动皆离不开它的衔接。

就家具陈设而言，土家族特色家具的导入可以直接将受众带入情景之中，如起居室中新中式风格家具与土家传统风格家具相互搭配组合，可以演变为新与旧的更替互补，或是新与新的简化搭配。就室内空间而言，配合空间整体装饰起到一定点缀、烘托、衔接的作用。

就织物陈设而言，土家族自古有着纺织的文化传统，将土家织锦文化从传统的被面、婴儿包单、舞者道具这些使用途径抽离出来，运用于室内设计中，便是将浓浓的土家风情融入室内空间之中，在整体氛围营造上起到了画龙点睛的作用。

第六章 现代室内设计的未来发展趋势

第一节 绿色生态室内设计

一、绿色生态设计相关概念

（一）“生态设计”的概念

1.“生态设计”的定义

生态设计（ecological design），指按生态学原理进行的人工生态系统的结构、功能、代谢过程和产品及其工艺流程的系统设计。生态设计遵从本地化、节约化、自然化、进化式、人人参与和天人合一等原则，强调减量化、再利用和再循环。

2.“生态设计”的主要含义

生态设计活动主要包括两方面的含义，一是从保护环境角度考虑，减少资源消耗、实现可持续发展战略；二是从商业角度考虑，降低成本、减少潜在的责任风险，以提高竞争能力。

（二）“绿色设计”的概念

1.“绿色设计”的含义

绿色设计（green design）也称为生态设计、环境设计等。虽然叫法不同，内涵却是一致的，绿色设计是指在产品及其寿命周期全过程的设计中，要充分考虑对资源和环境的影响，在充分考虑产品的功能、质量、开发周期和成本的同时，更要优化各种相关因素，使产品及其制造过程中对环境的总体负影响减到最小，使产品的各项指标符合绿色环保的要求。

2.“绿色设计”的特征

（1）安全性

设计不能危及使用者的人身安全以及正常的生态秩序，这是“绿色设计”的前提。材料的使用要充分考虑到对人的安全性。

（2）节能性

未来的设计应以减少用料或使用可再生的材料为基础，这也是“绿色设计”的一个原则。

(3)生态性

“绿色设计”应努力避免因设计不当和选材的失误而造成的环境污染与公害,还应提倡使用自然环境下易降解的材料和易于回收的材料。

(三)“绿色生态”概念引入室内环境设计的因素

“天人合一”是古人的主张,它是强调人与自然应和谐相处、浑然一体,天地万物是不可分离的。自然界的任何一部分都如同我们的手足一样,不可伤害。然而,自以为人定胜天的人类却在走向现代化的同时,肆无忌惮地掠夺自然、破坏自然。如果不敲响警钟,我们将自食其果,人类的居住环境将受到影响,人类的健康也将受到影响。

1. 生态平衡与失调

生态系统平衡是指在一定时间内生态系统中生物与环境之间、生物的各类种群之间,通过能量流动、物质循环和信息传递,使它们相互间达到高度适应协调和统一的状态。自然界中的生态平衡是比较脆弱的,如果人为地干扰和破坏这种平衡超过了一定限度,想要自然恢复平衡就需要很漫长的过程,生态系统就会出现失调,人类也会随之受到严重的影响。

2. 环境污染及其危害

目前,人类不得不面对日益恶化的环境污染问题。海洋污染、烟尘污染、噪声污染等使人类的生存环境变得日益恶劣:身边虽然有很多淡水,却很难找到能够饮用的干净水;到处是空气,却只能把呼吸新鲜空气视为休闲时的享受;已被远远抛弃了的有害物质,又通过动植物的吸收浓缩,以食物的形式回到人体中。总之,环境污染长期地、无情地损害着人类的健康,甚至威胁着人类的繁衍生息。

3. 自然理念的回归

选择怎样的设计就是选择怎样的生活方式,室内环境设计经历了纷繁喧嚣的“表演时代”,开始回归自然、理性,人们不再只追求外在的美,更强调内在的“绿色生态”美。选择“绿色”,营造“绿色”,享受“生态”,永远是崇尚生活的根本。近年来,随着室内装修污染投诉的上升,人们对“绿色生态”的关注也出现了一些盲从与误解,室内装饰中到底有多少是真的环保、真的“绿色”,值得我们去探究。研究文化是为了指导实践,这里在深入分析家具设计文化性与文化内涵的基础上展开,提出了生态文化指引下的绿色家具设计理念。

高品质的生活居住环境体现了与自然的密切接触,装饰材料既要取之于自然,又要防止对自然的无限度索取,并且自然化的绿色家居应保证在使用中不对外界自然造成污染,将“环保”精神贯彻到底。我们相信绿色就是希望,是人与自然和谐共处的标志。

二、绿色生态设计的目标、原则及内容

(一)生态室内设计的目标

室内设计的绿色化、生态化已经成为室内设计的必然趋势。生态室内设计涉及的学科

非常广泛，包括科学、艺术、生活等方面，是一个多学科的综合产物。通过生态室内设计，可以呈现给人们一个舒适的生活环境，即材料环保，它是符合人体科学的，形式上与自然相协调，多采用先进的绿色科技。生态室内设计融合了在物质层面上的塑造和在精神层面上的艺术追求，可以说生态室内设计是室内设计的最高目标、可持续发展的未来方向。

在当今社会，环保意识逐渐增强，在人们的意识中，人类的各项活动不仅要利用自然资源创造价值，还要尊重自然、保护自然，因为自然是人类赖以生存的家园。在这样的大环境下，绿色生态室内设计也是室内设计的要求，它可以全方位地体现绿色环保的思想，高度体现了室内设计的新要求，即室内设计的可持续发展特性。

生态室内设计无疑是一个相对较为复杂的多学科融合的研究领域，它不仅是设计师就室内设计做出的解决方案，还要求设计师综合其他技术，如新材料、IT 科技等技术共同创作的过程。设计师们必须要以环保、可持续发展、完整的生态循环作为设计目标。

（二）绿色生态室内设计的原则

绿色设计原则简称“3R”原则，即 reduce（减小能耗）、reuse（重复使用）、recycle（循环再利用）。

1. reduce

“reduce（减小能耗）”这项原则是绿色设计三项原则之首，也是绿色设计三项原则之中最基础的原则。减小能耗可以从两个方面考虑，其一是通过设计促使空间的全生命周期中消耗最少的能源达到减小能耗的目的，例如，近几年流行的太阳能路灯减少了对不可再生资源的消耗，具有节能、环保、零电费等优点，并且太阳能路灯安装十分方便，不需要挖坑埋线，节约了很多施工成本；其二是在材料的类型选取时尽可能地选择可再生能源，通过技术手段减少能源的消耗。比如，近几年新能源汽车的快速发展，就是遵循绿色设计理念，为了实现节能减排的目标的背景下的产物。新能源汽车以清洁能源为动力，可以减少汽车尾气的排放。新能源汽车以保护环境、维护自然、节约资源为核心，在汽车的整个生命周期中，以节能减排、降低消耗为目标，着重选用无污染、可再生的新能源，如太阳能、风能等，采用新技术和新设备，在实施生产全过程控制污染物的产生，使污染物的排放量达到最小化。

2. reuse

在空间设计和产品设计的过程中要考虑到空间或者物体的重复使用率，如果可以重复使用的话就可以对资源最大化的合理利用，减少了资源的浪费，起到优化配置、节约资源的作用。如果一件商品可以多次被重复利用，首先其使用寿命要长，这就要求保证商品质量和制作工艺，另外还需考虑其设计的经典性以保证在其寿命内不会成为过时的产品。

另外还有现代电子产品更新换代很快，旧的电子产品中部分零件是可以回收利用的，但是如果不进行恰当的处理或随意丢弃电子废弃物，造成的环境污染会威胁到人们的身体健康。因为电子废弃物中有汞、硒、镍、铅、铬等有害元素及氢氟化合物，危害人体健康的同时也会导致资源的浪费。现在很多商家开始推出旧产品回收的活动，购买新产品时将旧的产品回收，对新产品可以给一定的折扣。对旧电子产品进行回收利用，对于发展循环经济、绿色经济、提升资源利用率、减少和防止污染产生、增强绿色发展动力、完善资源回收体系具有非常重要的意义。

3. recycle

在人们日常生活中会产生不同种类的垃圾，其中一部分还有一定的利用价值，合理的回收利用不仅可以降低成本，还可以减少对环境的危害。废品的回收再利用为资源的节约和循环利用起到很大的作用，有利于人类的可持续发展。现如今一些物品的回收再利用大家已经不再陌生，比如易拉罐的回收利用，经过加工处理后又可以重新利用并且可以多次循环。对物品的回收利用可以将原来失去价值的物品，重新加工处理赋予新的生命，再次进入市场流通，将物品的价值发挥到最大。

（三）生态室内设计的内容

生态室内设计一般包含以下四个设计内容，分别为室内空间设计、室内装修设计、室内物理环境设计和室内陈设设计。

室内空间设计是指调整好空间的比例尺度，同时，在空间的设计中包含了一种文化的创造，力求使创造的空间形象能够激发人们某种文化方面的联想，并且把继承与创新结合起来，充分考虑内部环境与外部环境的关系，创造可灵活划分、符合时代特点的空间。

室内装修设计是指在对空间围护体的界面，包括墙面、地板、天花板的处理，以及对分隔空间的实体、半实体的处理中，不宜使用易燃和带有挥发性、对人体有害的材料，这种理念贯穿于生态设计思想中。注意材料的色彩、质感的搭配等视觉因素对人的生理、心理产生的影响。

室内物理环境设计是指对室内气候、采暖、通风、照明等指标进行评价分析，运用人体工效学、环境心理学等边缘学科综合设计，使室内环境最大限度地满足人的生理、心理需要，维持局部生态平衡。随着科技的发展，将日新月异的科技成果成功地应用于现代室内设计中，使其符合可持续发展的原则。

室内陈设设计是指在设计家具、装饰物、照明灯具等装饰陈设时，尽可能在设计中做到陈设的拆装灵活、组合方便，在设计中融入弹性设计的观念，使人们可以根据需要灵活选择、组合。

三、绿色生态室内设计考虑因素

（一）人文因素

生态室内设计不仅受到周围自然生态的环境因素影响，当地的人文特色、乡土人情也是生态室内设计要考虑的一个重要因素。其中人文因素包含了当地的经济发展程度、人民受教育程度、民风等内容。不同的地域会有不同的城市风格，而这些城市风格背后隐藏的文化意蕴已经融入每个人的生活之中，经过沉淀形成了富有当地特色的室内文化。

（二）美学元素

人们对于室内设计的追求已经不仅仅停留在居住舒适的程度上，还包含了个人审美的诉求、精神追求的表达。生态文化的不断渗透，使工业文明中人们已经不再单一追求奢华、气派等浮夸的设计风格，正在逐渐恢复对自然的崇敬、向往、渴望以及与自然融合的心理观念。

生态室内环境设计讲究的是人与自然的和谐共处，其中在审美角度来讲，体现了人与自然的完美结合。如何在设计风格中体现人与自然合为一体的设计理念，需要当今的新型科学技术、新型材料、新型能源、新型制造工艺以及自然的设计风格配合完成。

人们对于生态室内设计的要求是可以表达人们的文化诉求、审美意境等的。生态室内设计中自然与人融合的审美，体现在设计的各个细节上，如采光方面，多选择光线充足、光影变换较为丰富的设计效果，这样设计不仅可以使空间得到了拓宽，还使得室内的设计与外部的自然环境可以有机地结合在一起；在色彩运用方面，也多采用自然色调，装饰选择上多采用植物、生态景观、动态流水效果、巨石假山、花鸟鱼等自然“材料”，在人的五感，即视、听、嗅、触、味方面都可以感受到设计中蕴含的自然理念，营造清新的自然风光感受，让人仿佛置身于大自然中。

（三）生态特性

生态室内设计中的生态特性是其区别于传统室内设计的重要体现，而生态特性的本质就是可持续发展，因此，生态室内设计就要从节约资源、节约能源、简约实用、科学等方面着手，避免现代室内设计的弊端，减少建筑装饰材料的使用，合理利用装饰成本，节约稀有的、不可再生的自然资源。

节约资源、节约能源是维持生态室内设计可持续发展性的一个最直接的手段，尤其是在不可再生的珍贵资源的利用方面。首先，在土地使用、设计空间的利用方面，都要尽量地做到安排合理，杜绝奢侈豪华的设计风格，多采用多层复合结构的空间设计，在有限的空间内提供给人们多种使用需求的构造。其次，通过科学、优化的设计，减少室内设计中装饰的过多、冗余、繁复的现象，在满足室内设计的基本要求下，最大限度地减少用料、降低装修的成本。在设计过程中，充分考虑材料可重复利用的特性、家具的使用期限，选材也多选用环保、绿色、安全、健康的绿色材料，诸如石材、木材、丝绵、藤类等天然装饰材料。这些材料相比化学合成的装饰材料，具有无毒、环保、利于室内环境调节的优点。最后，在采光、通风、噪音处理、能源使用方面，多使用自然资源，如利用自然采光、营造空间拓宽的效果、通风考虑周围环境因素、利用太阳能设计洗浴以及水加热等。

四、生态室内设计的分析

(一)室内空间设计生态观

生态室内设计的空间设计相比传统的室内空间设计,更加突出了以人为本、人为主导的设计思想。生态室内设计的空间设计是多层面的设计,包括空间大小的规划,多个空间位置的组合,空间形态的设计与整体性还有空间的色彩搭配,这些都是为了突出空间设计给人的整体感觉,突出设计中的生态性。

如今关于生态设计的空间设计不仅要在视觉上有延展性、视野开阔,而且还要保证使用者的心理健康,保证设计的可持续发展的特性,这些才是生态室内设计的独特之处。

在生态室内设计的空间设计中要注意以人为本的思想,保证空间的舒适程度是使用者可以接受的,包括空间的大小——过大会失去温馨感,过小又会显得局促。因此,空间大小的设计一定要考虑室内用途以及适用人群的特点,做详细系统的规划。

(二)室内界面设计生态观

生态室内设计的界面设计包括天棚、墙面、地面的设计,即所谓的顶面、平面、立面的设计。其中形式上来讲,生态室内设计的界面设计要符合生态学的审美,要具有一定的耐久性,即一定的使用年限;较好的耐燃防火特性,避免燃烧时材料释放有毒气体;材料的选择要求无毒、无污染;设计易于施工和安装,可变性强,便于改造;有一定的保暖、隔热隔音的设计;成本不易过高,兼顾品质与成本的预算。就界面设计的材料选择来讲,一般选择天然石材,其在坚固性和审美角度讲都是极佳的材料,经常在地面设计中使用,如品质好的人造石材、地砖等,因为人多在室内活动,最好选择一些环保、安全的装饰材料。

(三)室内热环境

生态室内设计的室内热环境除了包括室外热量进出,还有室内物体以及人所散发的热量,人们对环境的实际感受不只取决于空气温度,而是空气湿度、相对湿度、太阳能辐射及气流速度(风速)等因素的综合作用。生态室内设计的热环境设计一般会考虑自然通风的方式,会针对室内对流的设计流出,需要开放的空气流通管道,保证室内空气的流通,进而保证热环境的平衡。还会增加遮阳隔热的设计,夏季太阳的辐射会导致室内闷热的现象,可以通过改善门窗的保温特性,来缓解这个现象,另外植物可以隔热,避免太阳的直射,在阳台或窗户附近设计植物的摆放可以缓解热辐射效应,配合室内设计的热环境,选择合适的灯光色调。

(四)室内空气环境

生态室内设计中,空气环境是越来越引起人们重视的一个设计元素。一般室内的空气污染多来源于室外污染的传入、室内吸烟、烹饪油烟以及建筑装饰材料释放的空气污染物。一般生态室内设计会选择周围空气质量较好的地段，多采用绿色环保材料，降低甚至杜绝装饰材料带来的室内污染。良好的自然通风系统的设计，通过所处地段的风向研究，设计自然的通风渠道，还可以通过增加室内高度的方法使室内空气流通增加，减少对人体造成的憋闷感，针对油烟还可以将厨房的格局和空间位置做合理的调整。

采用空气对流设计保持自然通风是能够降低气温并改善人体热舒适的。对于一些如空调等主动的热调节措施，具有明显的生态作用和节能效益。在住宅的平面布置设计时，门窗的大小、位置、户型的设计都应该充分考虑穿堂风和空气对流的组织，尽量减少气流的转折和“缩颈”，使气流通畅均匀。此外，根据地区环境的特点，可以在住宅方案设计中灵活构建开畅的空间，如畅廊、畅厅、空中花园、畅阳台等，一方面可以减少太阳辐射对室内的影响，同时夜间也有利于热量向室外散发，另一方面可通畅地组织室外气流。

（五）室内声音环境

噪音已成为当今威胁人类健康的“三大公害”之一。生态室内设计还要考虑隔声和吸声处理，针对不同的使用场景做出不同的设计处理，如家庭居室、娱乐场所，主要是隔声处理，而工厂的室内设计还要考虑吸声处理。

当人长时间生活在噪音过高的环境中，不仅会对人的听觉不利，还会影响人的身心健康。若这种情况持续保持很长时间，就会变成永久性的听力损伤，严重者会完全丧失听力。中华人民共和国住房和城乡建设部已对绿色生态住宅室内声环境制订了专项指标，白天应小于 35dB，夜间应小于 30dB。因此，在生态室内设计中必须采取降噪隔声的措施。

一般生态室内设计针对声音环境会从几个方面考虑，第一是设计位置的选择，尽量选择周边环境安静、符合国家标准的地段，同时，在针对大型室内设计时，还会将室内的相对安静和相对嘈杂的空间分开。因为面对面布置的两间房间，只有当开启的窗户间距 9～12 米时，才能使一户间的谈话声不致传到另一间；而同一墙面的相邻两户，当窗间距达 2 米左右时，才可避免在开窗情况下一般谈话声互传，还可以选择合适的可以处理噪声的材料降低噪音的传播。同样门窗是容易忽略的位置，可以选择密封性较好、多层的门窗，既可以降低噪声影响又可以起到隔热保温的设计效果。最后绿化也可以起到一定的降噪作用。

（六）室内光环境

光环境是室内设计不可忽视的重要环节，同样在生态室内设计中光环境的营造不仅可以改善空间形态，还可以营造不同的空间氛围，不同的光线环境下，人们的工作效率和心理反应都有着不同的状态。生态室内设计中，日光作为重要的采光来源，可以营造舒适的自然氛围，但针对采光的调节，还要从光线的角度、强度、亮度分布几个方面做详细的设计规划，根据室内不同的空间布局、不同的使用目的、不同的针对人群，选择不同的光线设计方案。

一般来说，生态室内设计的光线多采用自然采光，人工采光作为辅助。相比人工采光，自然采光更加舒适，可以通过天窗、侧窗的位置设计将自然光源引入室内。而且在窗户的周围不要放置高大的家具或者陈设，以免遮挡光源；此外，除了窗户，也可以考虑落地门的样式，自然光线的控制也要做好，平衡各处的光线，避免光线过于集中，室内设计也尽量采用哑光材质，以免形成反光的效果。

第二节　人性化室内设计

一、“人性化”室内设计的概述

（一）“人性化”室内设计的定义

所谓“人性化”设计，即设计师根据人们不同的生活习惯、心理特征和思想等因素，在原来的设计功能和理念上，对设计的方案进行优化和完善，使人们能够在舒适健康的环境中生活和居住。“人性化”的室内设计是对人类的个性的尊重和追求的满足，是现代文明发展的结果。“人性化”的设计追求的是实用性、舒适性和方便性的结合，它将艺术、科学、工艺技术和人性结合在一起，使得设计充满了个性。设计出的风格更是一个人的性格特征的体现。“人性化”的设计是对人性的尊重，是社会物质文明和精神文明共同发展的结果。

（二）“人性化”室内设计的发展历程

就目前的发展形势来看，室内设计行业已经非常成熟了，现代社会的人们都已熟悉它。然而，大部分人对“人性化”室内设计却了解较少。室内设计是从 20 世纪 80 年代初期至 90 年代初期开始走进人们的生活中，逐渐被人们所知晓与了解，虽然我国的室内设计行业起步较晚，但是，它却以迅雷不及掩耳之势发展得十分迅速，现如今已渗透到我们生活的各个领域中，室内设计理念也在千变万化，不再只是传统的设计，而是会根据使用者的需要和时代发展的需要，设计出让人满意的室内环境。“人性化”室内设计是现阶段和今后生活中流行的一种设计，其凭借着自身的特点，深受人们的喜爱。下面我们就来了解一下“人性化”住宅室内设计的发展历程。

早在我国春秋战国时期，以孟子为首的思想家们就提出了“以民为本”的思想，主张君王要以人民为中心，关心人民的生活和保障人们的利益，采集人民的政治意见，更好地治理国家，给老百姓带来安定、富裕的生活。在 13 世纪末的西方国家，文艺复兴运动在意大利各个城市开展起来，后来这种文化思潮发展到欧洲各国，为各国的思想观念注入了新鲜的血液。文艺复兴中，一种与时俱进的精神被提出来，它就是“人文主义”精神。“人文主义”精神倡导人类发展人性，主张人的自由，要求个性解放，反对迷信。人文主义的提出对于后世的人性发展、自由发展起到了很大的奠基作用。国内和国外的思想家们和哲学家们很早就将“人性”作为一门综合性的学科研究起来，这是社会发展历史中非常重要的一个研究课题。“人性”的理念早已深入人心，是古今社会都很重视的问题，而社会的发展必然会引起人们对于“人性”的认识觉悟和要求。

“人性”的思想观念发展深入人心，人们在生活中对于各个方面和领域都将“人性”植入其中，“人性化”已经成为当今社会最为关注的话题之一。“人性化”设计发展在各个领域，为人类的前进与发展服务着。我国的室内设计的发展有着很悠久的历史，大气豪华的宫廷建筑内的陈设和手工、充满诗情画意的园林建筑内的设计、民间建筑内的质朴设计，这些都是我国室内设计中的优秀作品，是前人留给我们的优秀的文化遗产。再看欧洲的城堡、教堂、小镇等的室内设计，也都是令人赏心悦目的，给人美的享受。但过去并没有“室内设计”这一说法，直到 20 世纪 80—90 年代，室内设计才逐渐走入人们的视野，再后来，才有了“人性化”住宅设计。所谓“人性化”住宅室内空间设计，即在室内空间设计的过程中，充分考虑人的需求和爱好，并结合人的生理结构、心理特征、行为方式，对室内空间进行合理的规划与装潢，以满足人们的生理和精神需求。

（三）“人性化”室内设计的原则

1. 安全性原则

从古至今，住宅中的安全隐患问题都是存在的，而安全因素也是人们最关心的问题。也就是说，在室内设计中，安全性原则是最主要的设计原则。在室内装修的时候，难免会存在一些拆改的行为，而这种行为显然在“人性化”的设计原则中是不可取的。在设计装潢建筑物的时候，如果对建筑物内的结构进行拆改，就会留下安全隐患，使得房屋结构受到破坏，尤其是有可能导致房屋倒塌。这些安全隐患都会威胁到人类的生命安全和财产安全。

所以，在进行人性化室内设计的过程中，设计师应该遵循安全性的原则。如果在装修设计的过程中出现很多的安全问题，可以从以下两个方面入手。

（1）装修设计一次性到位

在建筑物的装修中，应尽量一次性装修到位，避免多次装修设计，这样才能实现经济美观。并且建筑物一次性装修时，可以更好地看到建筑物的内部设计结构，保证设计师对建筑物有充分的了解。另外，装修要由专业的施工队伍完成，减少违规的装修出现，这样能减少安全隐患。

（2）对存在安全隐患的室内进行修改

在室内设计特别是住宅设计中，我们要合理安排布局，不合理的平面设计和功能设计都会造成对建筑物的破坏。对于客厅的设置不要与其他房间过多地交叉，卫生间和厨房的设计面积要合理。对于卫生间和厨房进行二次改造一定要请专业的设计师设计改造，因为在卫生间和厨房的二次改造中，对水管线、输电线路、天然气线路等的改造十分危险，切勿进行非专业的改造。对于地面的设计，尽量采用现浇板，这样可以增强其承载能力。

2. 舒适性原则

“人性化”的室内设计其主要目的就在于可以为人们提供舒适且愉快的生活环境，当人们生活在一个愉快的环境中，不仅心情会变好，而且还有利于良好品质的形成。在舒适性原则上可以从以下三个方面入手。

(1)视觉上的享受

室内设计的形状和色彩是人们对其舒适程度进行判断的标准，对于室内设计的形状，应尽量采用圆形这类没有尖角的形状或装饰品家居，以免引起人们视觉上的反感。在色彩方面，设计师可以根据使用者的喜好、兴趣、年龄等因素来设计，而不是自己做主，胡乱搭配。如果使用者没有特别要求，应该尽量选择淡雅、舒适的颜色，这样做的目的就是避免对人的视觉造成冲击，尤其是如果选择一个过于艳丽的颜色，可能会影响使用者的使用心情，前提是使用者对这方面没有要求。

(2)家具选择方面

家具是室内空间中最重要的组成部分，比如，沙发、座椅、床、桌子等，都是人们日常生活中不可或缺的一部分。所以，在选择家具方面，设计师应该遵循舒适、健康的原则。在摆放家具的过程中，设计师可以根据人们的使用习惯或者方便考虑，只要做到熟悉且舒适即可。

(3)室内环境

室内环境可以直接影响人的心情，尤其是会影响人的心理健康和身体健康，所以，一定要保持良好的室内环境。首先，要注重门窗的设计，应尽量将窗设计在通风口，这样可以保持空气流通。其次，要选择污染较小的暖气设备或者空调，以实现室内温度达到人体需要的温度，从而使人保持一个良好的状态。

3. 经济效益原则

在进行人性化室内设计时，设计师一定要遵循经济效益原则，要将成本降至最低，不造成资源浪费，可以从以下三个方面入手。

(1)合理利用自然资源

在实际的工作中，设计师应该合理地利用自然资源。比如，可以将门窗设计在采光较好的地方，这样能大大地减少电力资源的浪费。另外，也可以利用日光，达到水加热、洗浴的目的。这样既能为使用者降低成本，还能节约资源、保护环境。

(2)合理选择家居设施

对于家居的选择，应尽量选择节约资源的设备，比如，太阳能、节能灯等，尤其是选择可再生的家具，尽量避免选择过于珍贵的材料。

(3)合理规划室内空间

空间的规划设计方案不同，其空间利用的大小面积也有所不同。在进行室内空间设计时，应尽量采用立体空间设计和不规则的空间设计，提高空间的利用率。

(四)“人性化”住宅室内设计的要求

住宅设计是按照使用者的要求对居住的空间进行规划与装饰的活动。随着国民经济的快速发展，人们生活水平不断提升，消费者对住宅的要求越来越高，既要求符合人性化的特点，也要求符合生态特点。而“人性化”的住宅室内要求主要体现在以下几个方面。

1. 安全的设计

在建筑室内设计中，安全最重要，也是人们最注重的一个因素。所以，在进行“人性化”住宅室内设计的过程中，室内设计师应该将安全放在首位，对于室内一些容易伤人、对人体造成损伤的家居、装饰物品等，都应该选择少用或不用，如必须要用，应该对其进行改良，以确保其安全性，保证使用者的人身安全。比如，有些小孩子好奇心很强，总是喜欢到处玩耍和观察，甚至因为好奇外面的世界而喜欢爬窗台，如果没有安装窗户，就有可能导致安全事故的发生。对于室内装潢时的材质使用问题，一定要使用质量过硬的材质，以免对人造成安全隐患。对于化合物质的使用一定要小心，不要因为化学物中毒影响到人的身体健康。对于水管、输电系统和天然气输送管道的设计一定要合理，否则会对人类的生命造成威胁。所以，在设计时一定要保证对室内结构十分了解，进行合理的设计。

2. 合理规划空间

室内设计起初的工作就是合理规划空间，这也是室内设计工作最基础的工作。这是因为对空间的合理规划对人们的生活具有非常大的影响，如果这一环节没有做好，将影响以后的工作进度，应引起设计师的重视。在对住宅空间进行规划时，如果是一个面积较小的住宅，应该使用电视墙以节省空间，增强视觉效果，增加客厅的实际面积，与此同时，还应该尽量选用一些小的物品装饰空间。另外，如果发现室内采光效果较差，可以用玻璃代替墙壁，增强室内的光感，给人一种敞亮、光明的效果。

3. 风格统一

虽然住宅室内空间装饰风格千变万化，但是，设计师在设计的过程中应注意室内风格的统一，要让空间的一切装饰与主题风格一致，不能喧宾夺主、杂乱无章，大到家具选择，小到装饰物品，都要与主题风格保持一致。

4. 功能的完善

“人性化”的室内设计在设计的过程中要注重实用性的原则。设计师在进行室内设计时，应考虑全面，注意细节问题。一般来说，设计的实用性原则要求设计师在设计时注意以下三个方面。

(1)对环境的要求

如果长期处于一个阴暗、潮湿的环境里,人容易产生不良的心理反应,比如沮丧、阴暗等。反之,如果长期处于一个明亮的环境里,人就产生积极的心理反应,这是因为环境对人的心理具有非常大的作用。所以,室内设计师应注意室内环境,如果室内环境光线较弱,应通过多种方法增强光线,从而营造出一种清新自然、明亮的室内环境。

(2)对设计的要求

由于每个人的工作环境、价值观以及世界观都存在一定的差异性,这就意味着对室内的调整和设计需要也是不一样的,需要设计师在设计之前,先了解每个使用者的需要、兴趣,对室内有哪些特别的要求,然后再进行设计。值得注意的一点就是,在设计完成之后,应再次与使用者沟通,这样可以避免二次设计,耽误工作进度。

(3)对家居设施的要求

家居设施一定要实用性强,不可以布置摆设型的家居,既占用空间又浪费金钱。

(五)"人性化"室内设计发展的重要性

"人性化"室内设计是经济快速发展、社会进步的完美体现。"人性化"的室内设计的发展,不仅有利于促进室内设计行业的快速发展,而且还有利于实现节能减排,保护生态环境,尤其是对国家的发展具有非常重要的作用。

1. 发展"人性化"室内设计是个性化的体现

现代社会,经济发达,人们崇尚自由,倡导个性解放。人们再也不能单纯地满足于最普通的事物、最原始的使用功能。人们开始重视个人爱好和兴趣,追求时尚和个性。对于室内设计的风格每个人都有不一样的期望,人们都希望室内设计的风格能够符合自己的性格、爱好、习惯和希望的要求。要让人们能够从这种独特的设计中感受到自己想要表达的东西,使人眼前焕然一新。个性化的设计说明我们的这个社会已经不再是只满足大多数人的共性要求,重视个人或者小集体的消费要求成为室内设计师的设计所考虑的重要因素。发展"人性化"室内设计就是发展人类的个性,是发展人类文明的必然选择。

2. 发展"人性化"室内设计是对人文精神的重视

现代社会,人们在追求生活上的享受的同时,也注重追求精神上的享受。而具有"人性化"的室内设计刚好满足人们追求精神生活的需求。舒适的办公环境和温馨、别具一格的居住环境,都能够让人们精神愉悦,尤其是在一个敞亮的环境里工作、休息,可以让人一直保持良好的心态,能够放松、缓解压力。在"人性化"的室内设计里,能够完美地体现出"天人合一、以人为本"的精神理念,可以潜移默化地提升人们的文化精神层次。

3. 发展"人性化"室内设计有利于环保工作的开展

环境保护一直都是我国最为重视的问题,这是因为此前生态环境一度恶化,人们的生活条件也逐渐变差，这一变化趋势，让人们开始思考人与大自然的关系，也开始重视环保工作，以期改善生态环境状况。而发展“人性化”的室内设计，其中有一个非常重要的原则即环保性原则，需要设计师合理地规划和装潢室内空间，尽量选择可再生的材料，以避免生态环境遭到破坏。

4. 发展“人性化”室内设计是帮助弱势群体

“人性化”的设计不是只为社会的主导力量服务，弱势群体也将会得到服务。在现代社会的室内设计中，设计师抱着帮助弱势群体解决生活困难的目的进行室内设计，使弱势群体的生活变得更加美好。这是发展“人性化”室内设计所能带来的无法估计的作用。

二、“人性化”室内设计的技术措施

（一）人体工程学的合理应用

人体工程学刚开始是被应用于军事方面，第二次世界大战之后才逐渐被扩展到工业发展、建筑设计行业领域中。将人体工程学有效地应用于室内设计中，一方面，可以用于研究室内空间与人的生理活动的关系；另一方面，可以研究室内设计的各组成要素和人的生理活动的关系。室内设计的最终目的是更好地满足人们的需求，落实到人体工程学方面就是室内的空间设计能否更好地满足人的生理活动。

人体工程学所需的基础数据包括人体构造、尺度以及人体的相关动作范围等。对人体进行生理计测的方法主要包括：肌电图法、能量代谢率法、精神反射电流法等。对人体心理进行计测的方法包括：精神物理学法、尺度法等。通过对人的视力、听觉、色觉、光觉等要素进行测量，可以对室内的光照、色彩等方面加以设计，更好地满足人们的需求。

（二）环境心理学的应用

环境心理学即研究环境与人的心理活动之间相互作用关系的学科。详细来说，其是研究如何让环境更好地满足人们的需求。环境心理学主要包括：环境与行为的关系，对环境认知、感知以及评价环境。环境心理学在室内设计中的应用主要内容即室内的环境应符合人的心理特征和生理特征，这就需要设计师要正确处理人们的个性与环境之间的关系。只有先处理好个性与环境之间的关系，才能为后续工作的开展奠定坚实的基础。

（三）关注人的健康发展

随着生活水平的不断提高，人们不再只是追求奢华的室内环境，而是更加倾向于舒适、健康、安全无污染的环境。相关研究结果表明，室内空间的形状、材料、颜色、光线以及气味都会影响人们的身体健康和心理感受。这是因为室内空间直接决定人的活动范围，各种材料的选择直接决定室内的安全程度。但由于不同的人对室内有着不同的要求，所以设计师在设计的过程中，要学会尊重人的个体差异，先要了解用户的需求，再进行室内空间设计。值得注意的一点就是，虽然每个人对室内空间的要求不一样，但是有一点却是每个人都十分注重的——安全。要想为人们设计出一个安全无污染的室内环境,设计师可以从以下几个方面入手。

其一,增加通风设施,时刻保持室内空气清新,也可以在室内多摆放一些花木,以达到净化空气的目的。

其二,选择零污染的家具。在选择家具时,应尽量选择一些可再生且安全的家具。

其三,合理利用自然资源。相关资料显示,采光是人们在选购房屋或者设计房屋时优先考虑的因素,因为光线直接决定了房屋的透光性。所以,在进行室内设计的过程中,应注意房屋的采光性,如果室内光线不强,可以将窗户设计在光线及通风口,或者用玻璃代替墙壁,都能得到不错的效果。合理利用自然资源,不仅可以为人们营造出一个良好的生活环境,而且还有利于国家贯彻节能优先方针,实现双赢。

第三节　室内隔断的创新设计

一、隔断及相关设计概述

(一)隔断概念

隔断作为室内空间环境中的重要构件,起到分隔、组织和装饰空间的重要作用。“隔断”一词由来已久。起先作动词用,有阻隔、隔开的意思,韦应物《义演法师西斋》有:“结茅临绝岸,隔水闻清磬。”①孙光武《菩萨蛮》同样有:“青岩碧洞经朝雨,隔花相唤南溪去。”②这些古诗词中的“隔”都作“隔断、隔开”的意思。随着人类社会文明的发展和人类生活需求的不断提高,隔断在空间中用作分隔物。隔断,古来有之,屏风就是古代隔断的代表,屏风隔断在我国有着悠久的演变历史。一直到19世纪,随着工业革命的快速发展促进了现代工艺技术、新型材料的不断更替,隔断也得到了充分的应用和发展。

现今,室内隔断设计愈发成熟,作为室内分隔物在室内空间中发挥着举足轻重的作用。隔断在室内空间中营造着隔而不断、连而有序的氛围效果,其多元的形式、材质和工艺极大地促进了现代室内空间设计的丰富和发展。本书所研究的隔断可总结为:在室内中能够垂直分隔空间、具备功能性与装饰性的非承重构件。

在室内设计中,空间即是指在建筑这一立体形态所围合的环境中,所限定出来的“场”。③这个场所限定出来的空间包含了物理空间与心理空间。而隔断作为组织和限定空间最重要

---

① 李惠军. 笃学行思录[M]. 天津:天津古籍出版社,2008.

② 张晶. 晚唐五代词的装饰性审美特征[J]. 文学评论,2005(03):146—154.

③ 王珊珊,张晶. 隔断形式在现代餐饮空间中的适用性探析[J]. 家具与室内装饰,2012(08):54—55.

的手段，不同类型的空间及同一空间中的不同部位对隔断都有不同的要求。为满足空间的多样化要求，隔断在空间中的形式和类型也更加的丰富多变。

（二）室内隔断的功能

随着人们物质和精神需求的提高，室内设计不再仅仅是为了利用功能创造室内空间环境。随着新材料、新技术的更新，隔断设计有了更加丰富多彩的新元素和新特点，室内隔断的功能也更加多样化：隔断参与空间的分离、连接、完善和再创造；隔断作为空间围护结构在界面设计中的界面，满足了功能和审美两方面的需求；在展示设计中，随着新中式风格的兴起，中式隔断的设计越来越精致，被用于空间的陈设艺术。由此可见，隔断无疑是室内设计过程中不可替代的元素。如果空间没有隔断的参与，那么空间的功能性就无法合理实现，也就无法创造出令人满意的空间环境。

1. 功能性特征

（1）分隔室内空间

室内空间设计是运用各种有限的方法塑造空间形态，协调室内空间各要素之间的关系，解决空间与空间之间的联系、过渡、对比与统一，以及空间循环、空间节奏、空间封闭与空间透明的关系。协调室内空间各组成部分之间的关系，最重要的是通过分离的方式来实现。根据隔断的使用需要，用家具、陈设等实体将整个区域分隔开来，这样重新塑造的内部空间能够满足多样化的功能要求，丰富空间的视觉层次，创造出更加个性化的审美表达。分区最重要的功能是组织内部空间的顺序，区分不同的空间属性，实现空间的连接。在现代空间设计中，隔墙通过不同的围合组织方式、多样化的形式和材料，促使室内空间更加灵活、透明，从而保证和满足人们对空间的个性化需求。

（2）塑造灵活空间

空间服务于人，人的需求是多样的，这就要求在空间设计中综合考虑人的需求。就人类在空间活动的性质和行为而言，它具有模糊性和复杂性，其在空间利用中的表现形式也在发生着变化。因此，恒定的空间环境不能满足人们对空间的多功能需求，这就决定了空间应该具有灵活性，能够主动适应人们不断变化的内在需求。此外，多变的空间组合也给身处其中的人们带来了独特的空间感受。如果空间构成的任何一个基本要素发生显著变化，就会导致相应的空间状态和人们对空间的感受发生变化。隔墙作为界面密封的载体，其弹性特性可以带来边界的柔性，提高空间的适应性。它可以满足空间的动静态、闭式和开式切换，同时实现空间的分离。

（3）调节空间“安全”尺度

美国人类学家霍尔在《隐藏的尺度》一书中说：“每个人都为看不见的个人空间气泡所包围，当我们的‘气泡’与他人的相遇重叠时，就会尽量避免由于这种重叠所产生的不适，‘气泡’就是随人而动的个人空间，如同人理所当然的领地，当其受到侵犯时，人就会作出各种无言的反应。”[①]同时，霍尔通过实验对人的身体周围存在着的属于个人的空间范围进行度量，通常称为“人际距离”。这些充分反映了人们对私密性的重视。私密性可定义为个人或人群有控制自身与他人接近，并决定什么时候，以什么方式，在什么程度上与他人交换信息的需要。室内空间作为人际交往活动的重要场所，人既有独处的需要，也有交往的需要，室内空间设计中就要以人为中心，充分考虑人对空间环境的生理和心理需求，根据人对各功能空间的不同层次的“私密性”要求，满足人身心的合理要求。在室内空间中，营造私密性的设计手法有多种，其中利用隔断能够较好地实现多层次的、不同等级的私密性空间。一般而言，由某一人主宰的空间属于私密空间，而为大量不确定人群所有空间则有明显的公共属性。实际中，大多数空间的性质处于以上两种极端的空间状态之间，兼具公众性与私密性。所以空间的私密性不是绝对的，一般会根据使用需求通过隔断对空间采取绝对分隔、局部分隔、弹性分隔和虚拟分隔四种类型的分隔手法，其中，绝对分隔的私密感和领域感最为完整。因此，在实际的设计当中，就可以根据人们的行为心理，与空间中的其他要素，如灯光、家具、陈设、绿植等共同配合，设置多层次不同等级的公共和半公共空间，从而更好地满足人们对空间归属感和领域感的心理预期。

(4)参与组织空间序列

由于空间有限的形式和组合关系的差异，人们在空间中的感受和行为总是感觉不到隐含和引导，表现出强或弱的方向性特征，这就要求合理组织空间运动线(或称空间的序列)。室内空间的三维特征决定了人们不能在一个位置上形成一个完整的空间整体印象。它需要利用人类在空间运动过程中形成的不断变化的视觉印象进行加工和组织，从而形成对空间的整体感知。这一系列动作是一个连续的过程，需要设计师有效地引导人们在空间的活动，从而强化既定的空间目标。特别是在室内空间环境中具有大量的多功能性和弹性特征，空间面积普遍较大，具有多方向的空间序列构成，且随机性大。为了最大限度地提高空间利用率，更好地引导人流，可以通过分区的介入，在公共区域的关键位置设置分区，发挥对环境空间功能的引导作用，引导功能空间，有效地引导人们的空间活动。另外，分区本身的灵活性可以使弹性空间的顺序感转换更加自然，保证空间与空间的相互联系和渗透，逐步形成场景变换的视觉效果。

2.装饰性功能

(1)营造多样空间意境

室内空间集功能性、文化性、精神性于一体，在室内空间环境设计中，首先要“立意”，明确空间的格调与情趣。空间意境作为一种抽象观念形态，其生成源于空间主题与氛围设定

---

① 陈俐. 青年旅舍的交往空间研究[D]. 长沙：湖南大学，2012.

的“情”,而“主题”则通过“景”——空间诸种构成要素(光、材质、形式、比例、家具、陈设)的综合应用,共同作用渲染空间的环境氛围,从而表达出特有的空间意境。在室内空间的诸多构成要素中,隔断在深化空间意境方面的协调作用是不可低估的。隔断的存在可柔可刚,通过虚体的隔断手法,能够实现相邻的空间相互渗透,体现虚实相生的空间感受。另外,尽管隔断在功能上大同小异,但其呈现的装饰美感却大有不同,因隔断形式、风格差异的不同,会创造出迥然不同的环境氛围。比如在餐饮空间中,几乎任何一家餐饮店里都会设有隔断,隔断在使用的材料或颜色上的不同,创造的空间意境也是截然不同的。在餐饮空间中不同要素的共同作用下,深色金属隔断的质感传递的是冷峻精致,而木质隔断的质感给人安静祥和的韵味。

(2)作为空间陈设艺术

作为室内空间设计的外在表现元素,任何一种隔断都会通过形状、图案、色彩的运用对空间起到一定的装饰作用。随着新材料、新技术的推广,隔断形式和风格更加丰富,越来越多的装饰隔断被设计和广泛应用。特别是近年来,随着新中式家具的普及,具有独特魅力和古色古香的新中式隔断越来越受到人们的青睐。许多纯艺术作品被用作空间摆设,为空间创造出独特的魅力。

(三)隔断的设计要素

1. 材质

在建筑空间中,材料是设计主体不可或缺的组成部分。在我们工作和生活的室内空间环境中,它们要么精致、粗糙、简单、时尚、亲切,要么丰富,这些特性通过不同固体元素的表面材料来传递。人们对材料的感知主要体现在视觉感知和触觉感受上,并上升为情感因素。人们首先从物质上认识到空间给我们带来的最直接的感受,然后对空间有深刻的理解和判断,获得美的享受。由于材料的物理化学性质不同,在结构和组织上会有差异,纹理特征也会不同,由此产生的粗糙、细腻、软硬的感觉会给人不同的感受,所生产的产品也会产生不同的视觉语言,给人不同的感觉。因此,合理利用各种形式的材料进行隔断,可以起到丰富和装饰空间的作用。

根据材料自身的构成特性,其质感分为天然质感和人工质感:天然质感是指材料本身固有的质感;人工质感是指材料经过加工处理后的表面特征。它们有不同的视觉语言:天然质感,如木材、石头和皮革,通常给人一种简单舒适的感觉;而人造质感,如玻璃、金属和水泥,通常给人一种冷硬的感觉。根据对材料的触觉感知,我们可以感知到物体的材质和环境,并产生相应的情感:光滑细腻的材料给人柔软舒适的感觉,适合空间面积小的室内隔断,减少沉闷压抑的空间,适用于私密空间,营造轻松的空间氛围;粗犷厚重的材质会给人带来原始厚重的感觉,更适合这种在开放空间中的隔断风格;具有渗透性特点的材质隔断则用于过渡或隐私要求较低的空间。当然,隔断并不孤立地存在于空间中,在选材时,应与空间的特点相一致，隔断材料应统一于室内环境的整体氛围中。只有这样，我们才能创造一个适合人们的室内环境。

2. 造型

造型包括形象和表达，不仅是指事物的外观，如形象和形状，而且还有比“形”更广泛的含义，如光环、意蕴、意境等。室内空间是以形式来表现的，分隔形式是室内形式的要素之一，可以调节室内空间所表达的气氛。因此，关注分区与其他要素之间的空间关系，可以给人完全不同的心理体验。

隔断作为一个立面构件，起着限制体积或界限空间的作用。根据其造型的复杂性，它可以分为三个维度：二维隔断，基本的方正立面，规则而稳定；二点五维隔断，表面有变化，但不脱离方正的本质，有起伏变化；三维隔断，不规则形状，以一种特殊的形状存在。三种隔断给人带来不同的心理感受：方形的直面造型给人一种规律感，视线相对柔和，表现出良好的稳定性；不规则立面的形式和表现更为轻松、活泼、动感和带有明显的方向性，可以引导人们的视线和行为，同时使造型更具艺术性。室内空间风格多样，把握空间分割的造型艺术，可以给人们的视觉带来强烈的冲击和吸引力，也可以增加空间的灵活性和美感。

3. 色彩

室内环境中，营造空间氛围的手段有很多，色彩是最直观和最具心理影响力的要素。其对视觉的冲击最为强烈，在情感表达上也更加鲜明。它可以快速地唤起机体内部的活力，给人的心理与行为带来不同程度上的影响。① 色彩具有各种各样的“表情”，有激起人们情感的作用，对于塑造空间的表情、性格和氛围有着强烈的作用。不同的色彩给人的心理感受不同，把握好隔断的色彩运用可以塑造出丰富多彩的情感空间。

色彩运用得当，能够使得隔断具有鲜明的个性。如色彩的冷暖感：明度越高，越具有凉爽感，反之，明度越低色彩越有温暖感。像在酒吧、KTV 等类型的空间设计，隔断使用大面积的暖色调色彩使得空间表面向内膨胀，烘托出热烈的气氛；而冷色调就使得空间边界趋于隐退并向外延伸，空间氛围就显得忧郁而浪漫。色彩的距离感：隔断作为背景使用时，一般要用冷色系、明度低的色彩，给人后退、远离的感觉；反之，若用颜色鲜艳的前进色，则给人造成视觉上的冲击。色彩的分量感：色彩明度高，隔断则会具有轻松和轻快感，选用明度低的色彩做隔断会具有稳重感。色彩的尺度感：空间相对较小的房间，隔断适宜明度较高的浅色材料，隔断的色彩与室内保持统一，这样能够扩大视觉空间，使空间显得宽大，反之，则会显得空间拥挤。随着人们对色彩的视觉生理反应和心理调节作用及色彩情感传递因素要求越来越高，室内隔断的色彩处理一定要统一于其所处的空间环境中，恰当处理隔断的颜色，发挥色彩的效能，从而增强隔断在空间中的表现力。

---

① 李锦林. 建筑艺术的审美法则[J]. 美术教育研究，2011(09)：178－179.

4. 灯光

勒·柯布西耶曾说："我们的眼睛天生就是为观看光照中的形象而构成的。光与影烘托出形象。"①光在为空间内部提供足够照度的同时，还对塑造形体、刻画质感和营造气氛起着决定性的作用。将灯光与隔断相结合，通过改变光源的性质、位置、颜色和强度等指标，来表现一定的装饰设计内容，营造出能够与人们进行情感交流的"人性空间"。对于隔断而言，光影本身就是一种隔断，即虚拟隔断；同时，光与隔断结合，修饰隔断。

光影营造虚拟隔断。路易斯·康曾经说过："光是有情感的，它产生了与人合一的领域，将人与永恒联系在一起，他可以创造一种形，这种形是用一般造型手段无法获得的。"②有光的地方就会有影，光影是相互依存的。不同的灯具和灯具不同的照明度会影响到光源的照射范围，利用光的明暗差异来界定空间边界，从而在空间中形成虚拟隔断，因没有实体的围合，其边界线是动态的，空间的大小、范围等都是可变的，比实体围合的空间具有更大的灵活性。光影作为新型的分隔空间的介质，已经渗入到不同类型的空间中并被广泛应用。从餐饮空间到娱乐场所、博物馆、展厅等，都在用灯光营造虚拟分隔，在大片暗的空间中"划"出一道亮的线，通过光的不同亮度勾画的轮廓线可以是清晰的，也可以是模糊的；可以是间接，也可以连续的。

光影与隔断结合，修饰隔断。光与隔断造型配合产生的影，或者透过物体各种形式的孔洞会产生不同的艺术效果，使隔断更具可塑性。光源分为自然光源和人工光源。自然光源主要指阳光，隔断通过阳光所形成的光影效果受制于隔断的造型，当光透过隔断，在被隔断改变的同时，也以独特的语言——光影，塑造了空间的性格，形成了各种不同的空间效果。

而人工光源对隔断的修饰，则让隔断显得更生动、更有意蕴。光与不同材质的隔断组合会呈现不同的氛围。对于不透光材质的隔断，灯光的照射下显现的光晕使得隔断更有生气；对于透光材质的隔断，在光源的照映下，能够柔化视觉空间，达到隔而不透的效果，增加空间温柔的气氛，让人自然而然地随光入境，给人带来一种温和亲切的感觉。

（四）隔断设计的影响因素

1. 社会人文因素

人的需求是分割形成和发展的根本原因。从西周初期，隔断主要用于实用，到唐代则成为文人书画的时尚载体；在宋代，屏风隔断发展成为精神文化的载体；明清时期，屏风隔断更多地被用作一种艺术作品。如今，无论在风格、类型还是功能上，隔断都更加多样化。隔断的发展表明，人们对物质的基本需求驱使着人们建造最原始的隔断，不断增长的物质和精神需求使隔断更加多样化和完善。马斯洛认为，人们在满足较低层次的需求后，自然会寻求其

① 管沄嘉. 空间设计理论与实践丛书：环境空间设计[M]. 沈阳：辽宁美术出版社，2014.

② 冉祥琮. 室内空间灯光设计之我见[J]. 文学爱好者·教育教学版，2018(2).

他层次的需求。随着现代科学技术的飞速发展，人们对自身的空间环境提出了更高层次的要求，更加注重在多样化的室内空间中的自我发展和自我选择，并更加注重室内环境设计的满足性和个性化要求，为自己的个性化要求体现价值。显然，室内隔断设计的趋势必将上升到人的需求水平。

2.审美因素

隔断设计的发展也是审美历程的发展，从一开始的以满足挡风与遮蔽为主要功能，发展到今天人们要求设计师能够带来审美愉悦的隔断设计。设计师们通过各种有意味形式的设计语言，传递、主动激发人们的审美和体验，这些设计语言不仅涉及隔断自身的形式、功能、色彩、质感，还有文化观念、生态环境、地域文化、伦理道德等。现代隔断的设计要求的是实用与审美的统一，而审美主体的审美经验受个人的认知水平、性格以及环境和社会因素的影响是多种多样的，作为审美客体的隔断设计，就要理性地根据特定室内环境和不同功能要求来进行科学的设计定位，从审美主体的角度来把握隔断设计的形式，从而满足人们的不同审美需求。

3.技术因素

纵观室内隔断的发展，其从传统屏风隔断到现代多种类型的隔断，每一步都离不开科学技术的支持。时代飞速发展，科学技术不断更新，隔断设计的创作得到极大地丰富。材料和工艺的创新为隔断设计注入了更多的新鲜元素，从传统的屏风、帷幔、博古架等发展到玻璃、金属、纤维、复合材料等的隔断形式，再到隔断不断增加的如隔声、防潮、保温等附属功能，新技术拓展了隔断的功能与形态的边界，使得隔断在空间中也有了更强的表现力。

4.文化因素

文化是人类在社会实践中所实现的生活方式、形成的心理和行为模式以及基于这种方式和模式而创造的产品。文化是协调人与自然、人与人以及人与社会关系的媒介，体现了人作为历史活动的主体进行自我创造和自我实现的成果和过程。纵观隔断的发展演变过程，隔断就是文化的一种载体。文化不断发展，到今天已经进入一个在国际范围内相互对话的新时代。如今的文化已经冲破了闭关自守时期狭隘的地域性和民族性，或者说，不同地域、不同民族与社会背景的文化正在日益广泛、日益迅速地接触、交流、碰撞和融合。这种全球性的文化联系和沟通，涉及社会的各个方面，自然也影响着隔断艺术的发展。就隔断的设计，要理解不同背景下不同空间中的文化特征的内涵和外延，以期满足人们对隔断的文化性要求。

二、室内隔断的使用需求分析

隔断具有功能性和装饰性的特点，它是室内空间不可或缺的重要组成部分。在生活水平不断提高的时代背景下，人们对物质多样化和审美个性的要求越来越高。其分区需求主要包括功能需求、审美需求和绿色需求。

(一)功能需求

从古至今,人类创造的目的都是为了满足自身的需要,实现特定的功能追求。也就是说,“实用”是创造艺术的根本基础。隔断也是随着人们生活方式的改变和室内空间环境要求的提高而产生的。以银幕为例,可以看出其形态的变化是随着人们生活方式的变化和对其实用功能的追求而不断变化的。空间利用分区是对不同功能空间进行划分,优化空间布局,满足人们生活和生产的不同需求。因此,隔断的实用性应根据人们的需要,合理设计内部隔断,以满足空间功能的舒适性要求。此外,随着生活水平的提高,实用性已成为人们对物品最基本的要求。在室内空间环境方面,特别是随着科技和装饰材料的飞速发展,人们对室内空间中物体的装饰也有了更高层次的追求。装饰要求反映了人们的审美情趣,通过造型、色彩、材质等元素的表现,可以产生独特的视觉体验,给人们带来愉悦。隔断作为一种空间元素,可以对空间的装饰起到画龙点睛的作用。在保证其基本实用功能的基础上,更重要的是将装饰作为隔断设计的重点,使其在与空间整体环境相协调时,在细节上有更多的亮点,给人们带来更好的空间体验。

(二)审美需求

如今,各行各业都注重“私人定制”提供的个性化服务。室内设计为人服务,就是根据房屋的功能要求、人群特点、风格特点等内容,制定最适合的设计方案,采用不同的装饰手段,完成个性化设计,以满足人们的个人心理需求。这种对自身环境的个性化要求,来自人们对美好生活的向往和憧憬,也来自对审美和功能的不同要求。同时,受网络环境和科技发展的影响,人们的观念更加开放,室内环境设计也更加多样化。这一趋势也反映了人们对个性化空间设计的强烈需求。当然,上述个性化绝不是免费和怪异的,它是针对特定对象和内容的特征需求、空间的“艺术”部分以及人的个性化审美需求。隔断是室内空间设计的重要操作对象。随着科学技术和新材料的飞速发展,隔断在造型、材料、色彩、工艺等方面不断创新,设计形式也越来越多样化。因此,对于隔断设计,我们应该能够把握大众的审美特征,激活隔断的内生动力,满足人们对空间个性审美的心理需求。

(三)绿色需求

在设计中,生态命题由来已久。设计理念也从注重形式和风格的传统设计理念转变为创造舒适的生活和工作环境的生态设计理念,首先要考虑能源的合理利用,减少资源消耗。注重生态绿色设计,体现了当前和未来设计领域发展趋势的观念转变。在建筑空间中,根据环境效益、生态环境指标和建筑空间的功能、性能、成本等要求进行设计。其最终目的是改善人类的生存环境,满足可持续发展的要求。目前,追求健康的空间环境、自然、节能和环保的设计理念已成为共识。对于室内设计来说,虽然在设计过程中对“绿色”的要求在空间布局、物理环境、装饰材料等方面受到控制，人们在使用过程中，空间的显性功能和隐性功能与实际需求之间的不协调积累到一定程度后，往往会对空间环境进行重建和重组，这也是资源的浪费和消耗。虽然历时性设计是不可避免的，但分区在交付使用后，由于其灵活性和可操作性，可以通过分区的调整来适应用户自身需求的增长和变化。因此，在室内隔墙艺术设计活动中，要充分考虑生态平衡的关系，考虑隔墙材料的环保和使用寿命，控制更换周期，区分更换和维护的难度，尽量减少能源材料的不必要消耗。

三、室内隔断创新设计策略

室内空间环境设计的兴衰与社会经济发展水平密切相关。从隔断的兴起和发展，充分体现了人们对室内空间环境质量和审美需求的追求和转变。现代社会，科学技术不断更新，各种新材料、新技术不断涌现，推动设计应用手段的更新，室内空间的设计理念、设计手法和审美观念不断受到冲击和突破。隔断作为空间的重要组成部分，也将紧跟时代步伐。把创新战略作为梳理和解决问题的过程，针对当前隔断在创新和发展过程中存在的问题，将从隔断形式更加多样化和艺术化、隔断功能不断拓展和丰富、隔断与空间的融合不断深化等几个方面进行梳理，力求创造出更加独特的室内空间艺术效果。

（一）加强隔断艺术形式的多样塑造

纵观隔断从传统到现代的演变过程，人们见证了隔断形式从单一到多元、从简单到复杂、从静态到动态的发展历程。隔断的设计重心也从对传统隔断形式的继承转向对功能和形式创新的追求。在转型过程中，分割不仅具有历史的延续性，而且具有现代时尚感。分区形式的创新体现在追求古今并重，创造出更具文化内涵的分区新形式。

以隔断的传统形式为特征，通过对传统元素的提取、凝练，根据具有时代精神的价值观和审美观对隔断进行再设计，来塑造隔断时尚。屏风隔断作为现代隔断最早的样式，大家对其情有独钟，它呈现的文化底蕴和营造的悠然情境氛围让人倍感惬意和舒适。众多设计师以屏风形制为基础，加之各种传统元素的融合，创作出独具韵味的艺术隔断，如图 6-1 所示，是一款“折扇＋屏风”的折扇隔断。设计师沿用可折叠型隔断样式，在金属材质的框架上安装各种大小的折扇，折扇可以自由展开或收起，也可以任意地组合折扇，在单块隔断中，一大带两小，又或者两把中号折扇各占对角。纸扇收起时，简洁的框架营造出一种空灵与通透的隔断感觉，纸扇展开时展现出东方神韵，又起到了一定的装饰作用。该款隔断把中国传统元素和西式设计结合起来，可以满足互通的功能需求，又有着强烈的装饰意味。

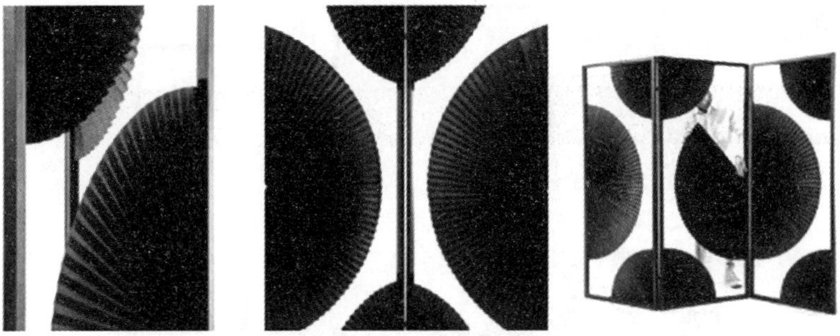

图 6-1　折扇隔断

另一款团扇隔断设计，以团扇为元素，如图 6-2 所示。团扇作为中国古代诗意审美的文化符号，一直给人以东方的素雅之美，在隔断的方格之中安装可变换方向的团扇，制造了一种趣味感，并且利用了团扇半透明的遮光效果，在若隐若现中传达出东方的含蓄之美。①

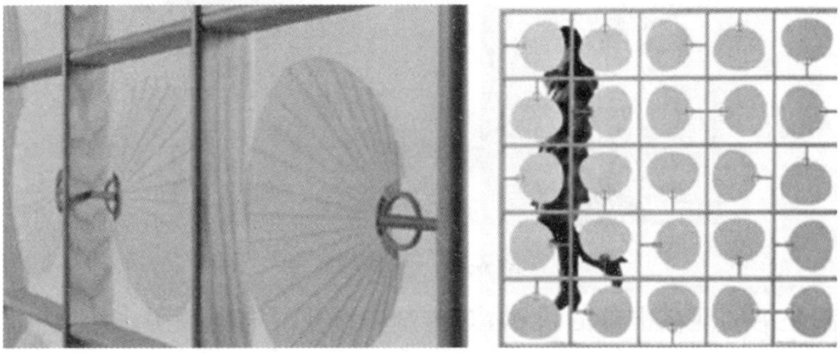

图 6-2　团扇隔断

以上两种隔断都是元素的具象呈现，而平仄家具品牌创始人傅军民设计的山字形屏风，则是对传统元素的抽象表达。其设计的“山”字隔断，如图 6-3 所示，自左至右由三件作品组成，取材为硬木、麻布和竹子三种出于自然的材料，左侧屏风为黑色硬木榫接而成的透空冰裂纹，中间为灰色麻布，右侧为浅黄色竹篾编就软屉。以传统材料蕴含了天人合一、崇尚自然的哲学思想。② 梯形形态迥异于传统矩形，线条截取、夹角设置、平面呈现都给人一种别具匠心的感受，共同构成“山”字形，得出的图案层次关系、颜色对比、疏密关系也带给人大美不言的心灵愉悦。另外一款巨石屏风也是通过一块块几何山形的创意隔断打造出一片巨石意向空间，如图 6-4 所示。其作品既是对传统文化的顶礼，也隐含了一种对大自然的敬畏。

① 范嘉苑. “微笑美学”——东方家具的另类演绎[J]. 现代装饰(家居)，2016(12)：106－115.

② 李林，刘安琪. 平仄原创家具品牌中的符号学应用研究[J]. 家具与室内装饰，2017(11)：22－23.

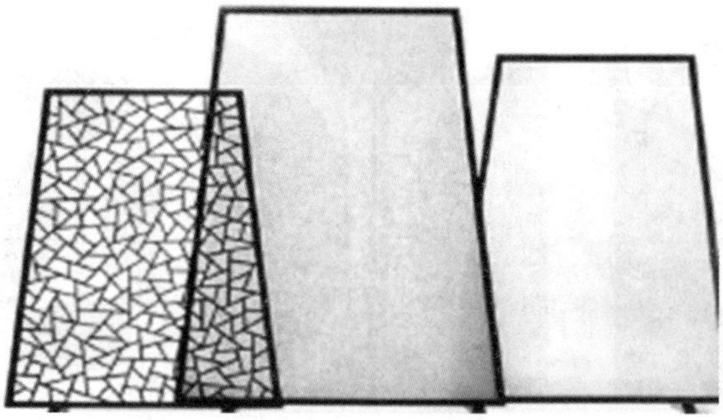

图 6-3 山形隔断

图 6-4 巨石隔断

另外一种就是借助现在丰富的材料，对传统隔断形式进行优化设计。拓展传统隔断造型元素，运用前卫、时尚的设计元素，以更加抽象的构成内容进行更加新颖的组合，使得隔断设计呈现多元姿态，即构成的形式千姿百态，色彩更加丰富多彩，图案令人目不暇接，装饰艺术感更加强烈。时尚的隔断不但要有新潮的感官，更需要沉淀的艺术，这样不但对传统元素有了传承，更有创新设计，让传统文化不再作为一种室内陈设而存在，而是更多地化作为一种与室内空间互通的体验，如图 6-5 所示。

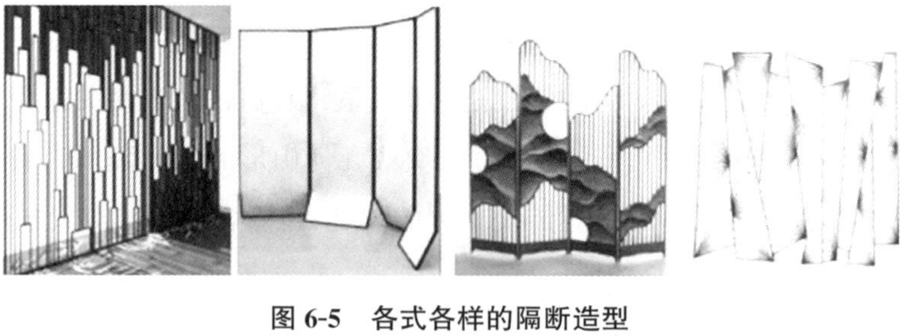

图 6-5 各式各样的隔断造型

发扬传统工艺文化，丰富隔断的艺术造型和语言的构成形式，在活化传统的同时，影响着室内空间的形态变化和使用者对空间环境的不同感受。例如，以竹材为主的编织艺术，在现今的诸多设计领域中，设计师融入现代观念，改变及提升材料意识，使之从民间技艺衍生发展为一个新型的艺术载体。如竹嵌几何隔断，便是传统工艺的现代性新生设计代表。这款隔断巧妙借用竹嵌工艺，通过竹片的整齐拼嵌，隔断面纹路清晰、密而不实，整体呈现精巧别致的质感，并通过七个大小不同的平面之间的自由组合，给人呈现几何视觉效果和层峦连绵的意境美感。该隔断通过线条与几何间的规则与冲突去接近现代人的审美，既于细节之处体现传统技艺，又使这组隔断具有了审美想象，呈现出的一种“有序”与“无序”在空间中相映成趣。

（二）满足隔断功能需求的多元拓展

设计产品作为人造的“自然”，不同于纯艺术品，它们必须合乎使用功能的目的。随着时代的发展，功能的含义更为广泛，从实用功能、情感功能到审美功能，隔断作为空间表现的外在元素，其功能也随着人们对室内空间的多样化需求不断被拓展。

现今购房市场中，房源紧张、房价高涨，小户型空间炙手可热，人们在小户型的居住理念上追求小而自在、小而精致，然而因其空间限制，隔断的使用和选择方面有着明显的局限性，“家具＋隔断”的融合则成为隔断设计的探索方向之一。家具式隔断，即将家具功能与隔断功能相结合，起到分隔空间的作用。如图 6-6 所示被称为“微缩的家”一组家具式隔断设计，其能够用作衣架、收纳、梳妆等，且隔断造型可翻折，有多种摆放方式，空间占用较小，这种组合多需要进行设计，仅通过一个隔断就很好地满足人们起居生活的使用要求。

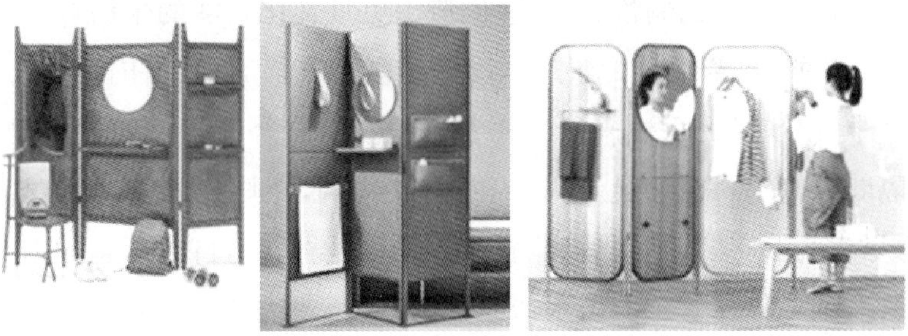

图 6-6　隔断之家

当然，现代空间有着多方面的功能需求，隔断承担的功能还有很多：隔断＋收纳，依据不同的空间属性赋予隔断强大的收纳功能，实现一物多用，比如书柜、展示柜等；隔断＋造型，选择与空间风格统一的隔断造型进行合理搭配，给空间带来独特的装饰效果；隔断＋绿植，即盆架式植物隔断，通过盆器、框架、植物的有机组合营造植物隔断，这种生态隔断在分隔应用空间的同时能够很好地美化环境；隔断＋家具，通过折叠、拼装、缩放、推拉等方式，隔断可改变形态，由隔断转变为其他功能用途的家具等。在人们普遍追求美好生活的今天，隔断功能的延伸不断深化，推动隔断功能向多元化、灵活化、智能化发展越发重要。

在拓展隔断功能方面，除了增加隔断本身自带的功能外，还可以通过加强隔断工艺技术，实现空间对其多样化的功能需要。面对室内空间的有限和人需求的不确定情况，大家期待的空间模式是能够不断变化的，这就要求隔断能够灵活使用和变换。满足隔断在空间中的形体变化，这就要利用现代设计方法和理念，在隔断工艺上不断突破，进行创新设计。通过压缩、弯折、组装、卷曲、堆叠、填充、旋转等施工技术，来促进隔断形式和位置的动态变化，通过单个或多个施工技术，能够较合理地满足空间的多种功能需求，同时也丰富了室内空间的视觉变化。另外，还可以对隔断进行模块化设计，通过模块与模块之间的灵活组合变化来构成隔断，使其在功能、单元秩序以及界面形态上更加丰富，并带来空间布局、物理环境的改变。

(三)注重隔断多层次审美空间的营造

室内空间设计是为人们室内生活的需要而去创造、组织理想生活时空的环境设计，是满足人的精神和情感层面需求的途径之一。在新的社会结构下，人们的生活情趣、审美取向等诸多精神方面的需求发生转变，转向追求个性化、多元化的空间质量，讲究室内空间的整体艺术氛围的表现。空间的艺术性体现在空间设计的内涵和表现形式两个方面，空间设计的内涵是通过空间气氛、意境及带给人的心理感受来表达艺术性的。由于功能、性质、使用对象等的不同，不同的功能空间会有不同的空间气氛和意境；而空间设计的表现形式不只是在于选用什么装饰材料和造型设计，而且体现在用什么样的表现手段进行空间塑造。

隔断作为空间中的基础要素，合理选用隔断形式来突出空间的性格特征，在特定的、物化的空间中给人们带来心情的愉悦和舒适，创造出更具文化内涵的生活环境，以满足人们的身心需要。如图 6-7 所示，为设计师蔡宗志设计的享宴火锅店，其室内设计尝试把中国山水的意境融入空间中，以现代的手法来诠释树石、树林、商旅等元素。通过用树干造型的隔断和竹块构建的隔断分割出入口通道，树状隔断有序排列，在灯光的作用下，给人置身于树林的错觉；在包房尽头的散座区，则用玻璃隔断与过道分隔开，与自然形态的山石的巧妙搭配，两种隔断共同营造了一种现代感的山水情的氛围，从而表达了空间的主题。

图 6-7　享宴火锅店

隔断在烘托空间氛围的同时，随着现今室内的空间处理更趋向于多元化的空间构成体系和多层次的空间组织方法，空间划分的中间要素——隔断，也已不再只是作为过去室内中的简单分隔，而是通过与空间其他界面的延伸、融合等方法，呈现一体化的空间艺术形态，形成多种复合空间的效果。隔断界面的模糊、不确定性促进了相邻的空间相互渗透，丰富了空间层次感，空间的整体性和流动性也更加明显。

参考文献

[1]刘彬.室内环境生态化设计的研究与探索[D].青岛:青岛理工大学,2012.

[2]张妍.新中国风在室内设计领域的探索与研究[D].西安:西安建筑科技大学,2012.

[3]户天顺.中国传统隔扇在现代中式餐饮空间中的应用与研究[D].郑州:中原工学院,2012.

[4]陈竞.中国元素在现代城市环境中的设计表达[D].武汉:华中科技大学,2010.

[5]刘征.中国传统文化对中国现代室内设计的影响及应用[D].天津:河北工业大学,2011.

[6]王璐.中国传统元素在当代室内装饰设计中的运用[D].开封:河南大学,2012.

[7]闫军.室内装饰中汉字图形的表现形式研究[D].长沙:中南林业科技大学,2012.

[8]葛建余.室内空间隔断的艺术设计表现形式研究[D].苏州:苏州大学,2013.

[9]姜明媚.中国传统视觉元素——窗棂在现代室内设计中的应用与研究[D].秦皇岛:燕山大学,2014.

[10]万祥虎.新中式元素在现代餐饮空间设计中的应用[D].大连市:大连工业大学,2013.

[11]王雪琳.中国古典装饰元素在现代室内设计中的运用研究[D].沈阳:沈阳建筑大学,2011.

[12]杨婷.生态设计理念在居住空间中的应用研究[D].成都:四川师范大学,2016.

[13]王雯.中国传统纹样在室内软装设计中的应用与创新[D].天津:天津工业大学,2016.

[14]吴颖.当代室内设计中的中国传统元素应用模式初探[D].天津:天津大学,2014.

[15]朱世维.中国传统元素在新中式室内设计中的传承与创新[D].武汉:武汉纺织大学,2016.

[16]雷涛.中国传统装饰元素在当代室内设计中的应用研究[D].沈阳:沈阳建筑大学,2015.

[17]郑韵.中国传统文化形、意、念在室内空间设计中的应用研究[D].沈阳:沈阳建筑大学,2015.

[18]高国庆.隔断艺术在室内设计中的研究应用[D].成都:西南交通大学,2015.

[19]许馨文.中国传统门窗造型元素在现代室内设计中的应用[D].长春:吉林艺术学院,2015.

[20]刘璐.汉字符号在中餐厅室内设计中的应用研究[D].成都:西南交通大学,2014.

[21]宋国栋. 回纹在现代室内设计中的应用研究[D]. 长沙：中南林业科技大学，2013.
[22]于兰青. 中国传统装饰元素在室内设计领域的运用[D]. 青岛：青岛理工大学，2012.
[23]杜一茹. 论新中式风格在室内装饰中的应用与研究[D]. 西安：西北大学，2013.
[24]何珊珊. 中国传统建筑元素在现代会所室内设计中的应用研究[D]. 长沙：中南林业科技大学，2017.
[25]张淑娟. 创意隔断柜设计[D]. 贵阳：贵州师范大学，2017.
[26]王慧. 简约风格在新中式家具中的应用与研究[D]. 天津：天津科技大学，2017.
[27]曾琪. 浅谈中国民族图形元素在室内设计中的运用和传承[D]. 天津：天津科技大学，2017.
[28]丁立强. 中式元素符号在现代室内空间营造中的创新运用研究[D]. 天津：河北工业大学，2015.
[29]侯森. 室内装饰设计中的传统吉祥纹样研究[D]. 洽尔滨：哈尔滨师范大学，2017.
[30]刘芮青. 新中式风格在餐饮空间设计中的应用研究[D]. 石家庄：河北科技大学，2018.
[31]崔翔. 隔断在现代室内设计中的应用[D]. 南京：东南大学，2018.
[32]王晖. 中国传统装饰元素在餐饮空间设计中的应用[D]. 长春：吉林大学，2007.
[33]陈菁菁. 现代室内设计中的古诗词意境研究[D]. 南京：南京林业大学，2008.
[34]陈晓燕. 传达于现代室内设计中的中国传统吉祥纹样[D]. 南京：南京林业大学，2009.
[35]李玉萍. 中国传统窗格图案在现代家居设计中的应用研究[D]. 延吉市：延边大学，2010.
[36]杜心舒、王威. 现代室内设计中传统文化元素的应用与创新[J]. 居舍，2018(25)：103.
[37]杨丽、陈永文. 可持续发展的绿色生态室内设计——室内设计的发展趋势[J]. 绿色环保建材，2017(06)：64.
[38]张帆. 现代中式风格空间营造度概念研究[D]. 哈尔滨：东北林业大学，2013.
[39]张艺群. 新中式家装设计风格在当代的诠释[D]. 杭州市：浙江农林大学，2013.
[40]倪晓燕. 中国传统软装饰在现代室内设计中的运用研究[D]. 杭州市：浙江农林大学，2013.
[41]夏燕. 中国传统装饰图案在现代室内设计中的运用[D]. 天津：天津科技大学，2011.
[42]董赤. 新时期 30 年室内设计艺术历程研究[D]. 吉林：东北师范大学，2010.
[43]王珊珊. 中国传统文化元素在现代室内设计中的渗透应用[J]. 居舍，2018(36)：81＋133.
[44]翁曦彦. 绿色生态设计理念在室内设计中的应用研究[J]. 建材与装饰，2019(13)：104－105.
[45]龚宁. 中国传统家具在现代室内设计中文化表象[J]. 建材与装饰，2019(30)：92－93.
[46]黄艳丽. 中国当代室内设计中对传统文化传承方式的研究[D]. 长沙：中南林学院，2005.
[47]万莉. 极少主义室内设计及其可持续发展理念研究[D]. 南昌：南昌大学，2005.

[48]孙雪.现代室内陈设设计的中式元素应用研究[D].天津:天津科技大学,2013.
[49]侯梦倩.新中式风格的室内软装饰设计应用研究[D].杭州:浙江理工大学,2016.
[50]杨倩.传统文化元素在新中式家具设计中的应用[D].贵阳:贵州师范大学,2016.
[51]刘新乐.中国元素在茶馆室内设计的应用分析[J].福建茶叶,2016,38(03):121-122.
[52]邱慧芳.中国传统文化元素在现代室内装饰设计中的运用[J].教育现代化,2016,3(08):214-215.
[53]郭琳.室内设计中的中国传统元素融入分析[J].美术教育研究,2016(18):56-57.
[54]胡敏嘉.民宿设计中传统文化元素的应用[D].芜湖:安徽工程大学,2019.
[55]陈静.论传统元素在现代设计领域的应用[J].家具与室内装饰,2013(01):32-33.
[56]吴鹏.现代空间设计中的隔断应用研究[D].南昌:江西师范大学,2019.